石油高职高专教材

电气控制与 PLC 应用技术

贯　宇　郑晓莲　主编

U0370044

石 油 工 业 出 版 社

内 容 提 要

　　本书主要介绍低压电器与电动机、电动机典型控制电路安装、典型电气控制的 PLC 设计与调试、PLC 信号灯控制系统的安装与调试、基本顺序控制系统的安装与调试、PLC 典型控制系统的安装与调试等内容。

　　本书可作为高等职业技术学院电气自动化专业教材,也可供企业电气方面技术人员培训使用。

图书在版编目(CIP)数据

电气控制与 PLC 应用技术/贯宇,郑晓莲主编.
北京:石油工业出版社,2017.3
石油高职高专教材
ISBN 978 – 7 – 5183 – 1710 – 3

Ⅰ. 电…
Ⅱ. ①贯… ②郑…
Ⅲ. ①电气控制 – 高等职业教育 – 教材 ②PLC 技术 – 高等职业教育 – 教材
Ⅳ. ①TM571.2 ②TM571.6

中国版本图书馆 CIP 数据核字(2016)第 309862 号

出版发行:石油工业出版社
　　　　　(北京安定门外安华里 2 区 1 号　100011)
　　　　　网　　址:www.petropub.com
　　　　　编辑部:(010)64251613　图书营销中心:(010)64523633
经　　销:全国新华书店
印　　刷:北京中石油彩色印刷有限责任公司
2017 年 3 月第 1 版　2017 年 3 月第 1 次印刷
787 × 1092 毫米　开本:1/16　印张:12
字数:280 千字
定价:36.00 元
(如出现印装质量问题,我社图书营销中心负责调换)

前　　言

　　电气控制与 PLC 应用技术是对现代工厂企业设备进行技术改造和推动技术发展的重要手段。在工厂企业的科研、生产、技术革新等领域中广泛应用。

　　近年来，随着电子技术的迅速发展，尤其是计算机技术的推广和应用，带来了工厂控制技术的革命性变化，在近十年中，工厂企业的控制技术的发展超越了前几十年的发展，令人耳目一新，技术发展日新月异。

　　电气控制与 PLC 应用技术是现代工厂的核心技术，是保障工厂正常运行的技术手段，工厂企业技术的发展必然导致教学内容的改革。《电气控制与 PLC 应用技术》就是针对这一时代特点，紧跟时代技术发展趋势而编写的教材，充分体现出理论够用、突出操作技能的特点。

　　本书以任务为主线，根据任务实施的要求，配合必要的理论知识形成内容相近的教学模块。本书分为三个模块：模块一为电气控制模块，主要对电工基本知识进行训练，包括常用低压电器的选择、电路识图知识、低压电器的安装工艺、常用电工仪表的使用、电动机的常规测量及电力拖动电路的安装等内容。模块二为 PLC 控制基础模块，主要包括对 PLC 的认识、典型电动机的 PLC 控制等内容，重点是电气控制与 PLC 知识的衔接，达到学会基本程序设计，为提高应用水平打下基础。模块三为 PLC 控制系统的安装与调试及高级应用模块。为了提高本模块的教学效果，编写中以 OMRON 和 FX 系列的 PLC 为例，以达到举一反三的目的。通过多地控制一盏灯、交通信号灯等加强基础训练；以台车多地控制、呼叫台车控制等典型 PLC 控制为提升点，进行重点训练，达到对 PLC 典型控制的快速掌握；通过对 PLC 高级应用的训练，达到对 PLC 程序设计融汇贯通的效果，最终达到灵活掌握的目的。

　　本书模块一项目一由辽河石油职业技术学院闫文文编写，模块一项目二与模块二项目一由辽河石油职业技术学院贯宇编写，模块二项目二以及模块三项目一、项目二、项目三由辽河石油职业技术学院郑晓莲编写。

　　本教材包含理论与操作两部分内容，每个教学任务中包括必需的知识链接、任务实施等内容；编写时考虑到工厂企业的实际应用，内容相对独立，也适合企业员工培训。

　　由于时间有限，教材中难免存在不当之处，请读者批评指正。

编者
2016 年 8 月

目　　录

模块一　电气控制

电动机是机械设备运动最主要的原动机,具有结构简单、价格便宜等优点,因而获得广泛应用,电气控制是电动机控制的基础,是电气自动控制的基础。

项目一　低压电器与电动机

低压电器是指额定电压等级在交流 1000V、直流 1200V 及以下的电器。在我国工业控制电路中最常用的电压等级为 380V 和 220V,特定工业环境下可用其他电压等级,如 36V、127V、660V 等。低压电器是一种能根据外界的信号和要求,手动或自动地接通、断开电路,以实现对电路或非电对象的切换、控制、保护、检测、变换和调节的元件或设备。

任务 1　低压电器的拆装

 任务来源

在企业中,工业控制方面工作量最大的工作是设备维护与维修。低压电器是所有电路中应用最广泛的电器,在工业控制中占有很重要的地位;工业电器设备中损坏最多的是低压电器元件,低压电器的维修是电工日常工作中工作量最大的工作。

 学习目标

(1)掌握低压电器的结构、电气符号及选择方法。
(2)学会常用低压电器的拆装与维修。

 知识链接

低压电器按操作方式分为手动电器和自动电器。

手动电器:由人工直接操作才能完成任务的电器称为手动电器,如刀开关、低压断路器和熔断器等。

自动电器:指不需人工直接操作,按照电的或非电的信号自动完成接通、分断电路任务的电器,如接触器和继电器(热继电器、时间继电器等)等。

电动机负载:额定电流估算(A)≈额定功率(kW)×2。

一、刀开关

(一)刀开关的作用与图形符号

刀开关主要用在低压成套配电装置中,用于不频繁地手动接通和分断交、直流电路,有时也用作隔离开关。刀开关在电气控制线路中用符号"QS"表示,其图形符号如图 1-1 所示。

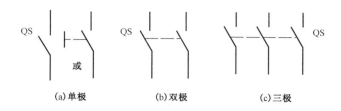

(a)单极   (b)双极   (c)三极

图 1-1   刀开关的图形符号

（二）常用刀开关的选择

（1）额定电压选择：

$$U_N \geqslant U_L \tag{1-1}$$

（2）额定电流选择：

$$I_N = (1 \sim 1.15)I_L \tag{1-2}$$

（3）当用刀开关控制电动机时，额定电流选择：

$$I_N = (1.5 \sim 2.5)I_L \tag{1-3}$$

式中：下角标 N 表示额定值，下角标 L 表示负载值。

二、自动空气开关

（一）自动空气开关的作用与图形符号

自动空气开关又称自动空气断路器或低压断路器，是低压配电和控制系统中常用的一种电器，集控制和多种保护功能于一身，用于不频繁地手动接通和分断交直流电路，对电路或电气设备发生的短路、过载及欠电压等进行保护，同时也用于不频繁地启动电动机。自动空气开关在电气控制线路中用符号"QF"表示，其图形符号如图 1-2 所示。

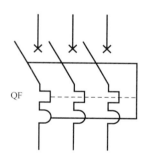

图 1-2   自动空气开关的图形符号

（二）自动空气开关的工作原理

自动空气开关主要由触头系统、灭弧装置、保护装置和传动机构等组成。保护装置和传动机构组成脱扣器，主要有过电流脱扣器、欠电压脱扣器和热脱扣器等，如图 1-3 所示。在正常情况下，过电流脱扣器的衔铁是释放着的；发生严重过载或短路故障时，与主电路串联的线圈将产生较强的电磁吸力把衔铁向下吸引而顶开锁钩，使主触点断开。欠电压脱扣器的工作恰恰相反，在电压正常时，电磁吸力吸住衔铁，主触点才得以闭合；电压严重下降或断电时，衔铁被释放而使主触点断开。当电源电压恢复正常时，必须重新合闸后才能工作，实现了失压保护。小型自动空气开关实物如图 1-4 所示。

（三）自动空气开关的选择

自动空气开关主要根据保护特性要求、分断能力、电网电压类型及等级、负载电流、操作频率等方面进行选择。

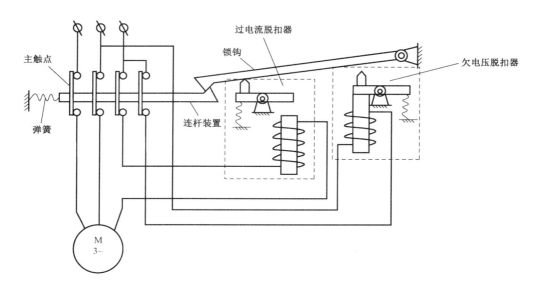

图 1 - 3　自动空气开关工作原理示意图

图 1 - 4　小型自动空气开关实物图

（1）额定电压和额定电流:低压断路器的额定电压和额定电流应不小于线路的额定电压和额定电流。

（2）热脱扣器:热脱扣器整定电流应与被控制电动机或负载的额定电流一致。

（3）过电流脱扣器:过电流脱扣器瞬时动作整定电流由下式确定:

$$I_Z \geq KI_S \tag{1-4}$$

式中　I_Z——瞬时动作整定电流,A;

　　　I_S——线路中的尖峰电流,若负载是电动机,则 I_S 为启动电流,A;

　　　K——考虑整定误差和启动电流允许变化的安全系数,当动作时间不小于 20ms 时,取
　　　　　$K=1.35$;当动作时间小于 20ms 时,取 $K=1.7$;一般取 1.35。

（4）欠电压脱扣器:欠电压脱扣器的额定电压应等于线路的额定电压。

自动空气开关型号含义如图 1 - 5 所示。

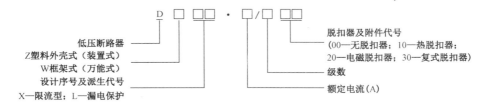

图 1 - 5　自动空气开关型号含义

三、接触器

(一)接触器的作用与图形符号

接触器是用来频繁接通或切断较大负载电流电路的一种电磁式自动控制电器。按其主触头通断电流的种类,接触器可以分为直流接触器和交流接触器两种。交流接触器由电磁机构、触头系统、灭弧装置及其他部件四部分组成。接触器在电气控制线路中用符号"KM"表示,其图形符号如图 1 -6 所示。

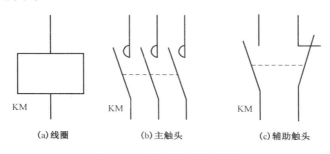

图 1 -6　接触器的图形符号

(二)接触器的选择

(1)接触器种类的选择:根据主触头接通或分断电路的电流性质选择直流接触器或交流接触器。

(2)接触器使用类别的选择:根据接触器所控制负载的工作任务来选择相应类别的接触器。如负载是一般任务,则选用 AC—3 类接触器;如果负载为重任务,则应选用 AC—4 类接触器,如果负载为一般任务与重任务混合时,则可根据实际情况选用 AC—3 或 AC—4 类接触器,如选用 AC—3 类接触器时,应降级使用。

(3)接触器主触头额定电压的确定:接触器主触头的额定电压应根据主触头所控制负载电路的额定电压来确定。

(4)接触器主触头额定电流的选择:一般情况下,接触器主触头的额定电流应不小于负载或电动机的额定电流,计算公式为:

$$I_N \geqslant \frac{P_N \times 10^3}{K U_N} \tag{1-5}$$

式中　I_N——接触器主触头额定电流,A;

　　　K——经验系数,一般取 1 ~ 1.4;

　　　P_N——被控电动机额定功率,kW;

　　　U_N——被控电动机额定线电压,V。

一般情况下,三相异步电动机额定电流估算: $I_N(A) \approx 2P_N(kW)$,接触器额定电流为电动机额定电流的 1.1 ~ 1.2 倍。

当接触器用于电动机频繁启动、制动或正反转的场合,一般可将其额定电流降一个等级来选用。

(5)接触器线圈额定电压的确定:接触器线圈的额定电压应等于控制电路的电源电压。为保证安全,一般接触器线圈额定电压选用 110V、127V,并由控制变压器供电。但如果控制电路比较简单,所用接触器的数量较少时,为省去控制变压器,接触器线圈额定电压可选用 380V、220V。

(6)接触器触头数目:在三相交流系统中一般选用三极接触器,即 3 对动合主触头,当需要同时控制中性线时,则选用四极交流接触器。在单相交流和直流系统中则常用两极或三极并联接触器。交流接触器通常有 3 对动合主触头和 4 ~ 6 对辅助触头,直流接触器通常有 2 对动合主触头和 4 对辅助触头。

(7)接触器额定操作频率:交、直流接触器额定操作频率一般有 600 次/h、1200 次/h 等几种,一般说来,额定电流越大,则操作频率越低,可根据实际需要选择。

(三)接触器的工作原理

交流接触器主要由电磁系统、触头系统、灭弧装置与外壳及附件四部分组成,其结构如图 1-7 所示,实物如图 1-8 所示。

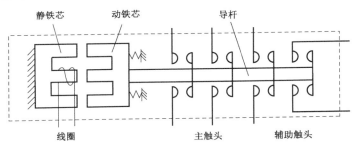

图 1-7 接触器结构示意图

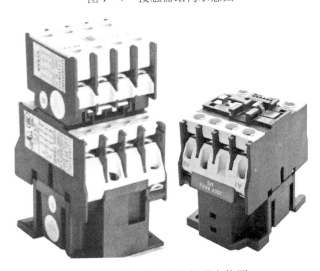

图 1-8 小型交流接触器实物图

（1）电磁系统，包括吸引线圈、动铁芯和静铁芯，当线圈得电，静铁芯获得磁场，吸引动铁芯动作。

（2）触头系统，包括3对主触头和1~2对动合、动断辅助触头，它和动铁芯是连在一起互相联动的。

（3）灭弧装置，一般容量较大的交流接触器都设有灭弧装置，以便迅速切断电弧，避免损坏主触头，并能防止相间短路。

（4）外壳及附件，包括各种弹簧、传动机构、接线柱等。

（四）主要技术参数

（1）接触器的极数和电流种类。按主触头的个数分类：接触器有两极、三极和四极接触器。按主触头接通和分断主电路的电流种类分类，接触器分为交流接触器和直流接触器。

（2）额定工作电压：是指主触头之间的正常工作电压。直流接触器额定电压有：110V、220V、440V与660V。交流接触器额定电压有：127V、220V、380V、500V与600V。

（3）额定工作电流：是指主触头正常工作电流。

（4）额定通断能力：是指主触头在规定条件下能可靠地接通和分断的电流值。

（5）线圈额定工作电压：是指接触器电磁线圈正常工作电压值。交流线圈额定工作电压有：127V、220V与380V。直流线圈额定工作电压有：110V、220V与440V。

（6）允许操作频率：是指接触器每小时允许的最高操作次数。

四、熔断器

（一）熔断器的作用与图形符号

熔断器在电路中用来做短路和过载保护，当电流超过规定值时，依靠自身产生的热量使特制的金属（熔体，低熔点金属）熔化而自动分断电路。熔断器广泛应用于高低压配电系统和控制系统以及电气设备中，作为短路和过电流的保护器，是应用最普遍的保护器件之一，主要由外壳和熔体组成。

常见熔断器的型号含义如图1-9所示。

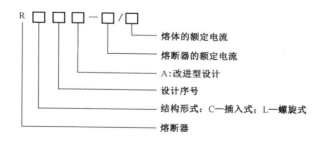

图1-9 常见熔断器型号含义

熔断器图形符号及常见熔断器实物如图1-10所示。

（二）熔断器的选择

一般熔断器的选择：根据熔断器类型、额定电压、额定电流及熔体的额定电流来选择。

（1）熔断器类型：熔断器类型应根据电路要求、使用场合及安装条件来选择，其保护特性应与被保护对象的过载能力相匹配。对于容量较小的照明和电动机，一般考虑它们的过载保

(a) 熔断器图形符号   (b) 常见熔断器实物

图 1-10　熔断器图形符号及常见熔断器实物图

护,可选用熔体熔化系数小的熔断器;对于容量较大的照明和电动机,除过载保护外,还应考虑短路时的分断短路电流能力,若短路电流较小,可选用低分断能力的熔断器,若短路电流较大,可选用高分断能力的 RLI 系列熔断器,若短路电流相当大,可选用有限流作用的 Rh 及 RT12 系列熔断器。

（2）熔断器额定电压和额定电流:熔断器的额定电压应不小于线路的工作电压,额定电流应不小于所装熔体的额定电流。

（3）熔断器熔体额定电流。

① 对于照明线路或电热设备等没有冲击电流的负载,应选择熔体的额定电流等于或稍大于负载的额定电流,即:

$$I_{RN} \geqslant I_N \tag{1-6}$$

式中　I_{RN}——熔体额定电流,A;

　　　I_N——负载额定电流,A。

② 对于长期工作的单台电动机,要考虑电动机启动时熔体不应熔断,即:

$$I_{RN} \geqslant (1.5 \sim 2.5)I_N \tag{1-7}$$

式中:轻载时系数取 1.5,重载时系数取 2.5。

③ 对于频繁启动的单台电动机,在频繁启动时,熔体不应熔断,即:

$$I_{RN} \geqslant (3 \sim 3.5)I_N \tag{1-8}$$

④ 对于多台电动机长期共用一个熔断器,熔体额定电流为:

$$I_{RN} \geqslant (1.5 \sim 2.5)I_{NMmax} + \sum I_{NM} \tag{1-9}$$

式中　I_{NMmax}——容量最大电动机的额定电流,A;

　　　$\sum I_{NM}$——除容量最大电动机外,其余电动机额定电流之和,A。

（4）适用于配电系统的熔断器。

在配电系统多级熔断器保护中，为防止越级熔断，使上、下级熔断器间有良好的配合，选用熔断器时应使上一级（干线）熔断器的熔体额定电流比下一级（支线）熔断器的熔体额定电流大 1~2 个级差。

五、热继电器

（一）热继电器的作用与图形符号

热继电器是由流入热元件的电流产生热量，加热不同膨胀系数的双金属片使其发生形变，当形变达到一定程度时，就推动连杆动作，使控制电路断开，从而使接触器失电，主电路断开，实现电动机的过载保护。热继电器图形符号及常见热继电器实物如图 1-11 所示。

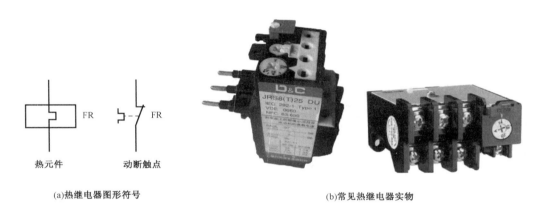

(a)热继电器图形符号   (b)常见热继电器实物

图 1-11　热继电器图形符号及常见热继电器实物图

（二）热继电器的选择

（1）热继电器的选择按照下列原则进行。

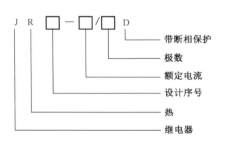

图 1-12　热继电器的型号含义

① 热元件的额定电流等级一般应略大于电动机的额定电流，整定电流设定为电动机额定电流的 0.95~1.05 倍。

② 双金属片式热继电器一般用于轻载、不频繁启动电动机的过载保护。

（2）热继电器的型号含义，见图 1-12。

（三）热继电器的工作原理

热继电器主要由热元件、双金属片和触头三部分组成，当电动机过载时动断触头断开使接触器的线圈断电，从而断开电动机的主电路，实现电动机的过载保护。当电动机电流超过热继电器的整定电流值时，热继电器即可动作。流过热元件电流越大，热继电器动作时间越短。不过由于热惯性原因，电流通过热元件时总是需要一段时间触点才能动作，因此热继电器不能对电动机实现短路保护，也正是由于热惯性，在电动机启动或短时间过载时，热继电器来不及动作，避免了电动机的不必要停车。热继电器动作后，双金属片经过一段时间冷却，按下复位按钮即可复位。

六、时间继电器

(一)时间继电器的作用及图形符号

时间继电器是根据时间动作的一种继电器,指其动作信号后,输出电路需经过规定的时间后相应的触头动作。它的种类很多,有空气阻尼型、电动型和电子型等,电气符号见图1-13。

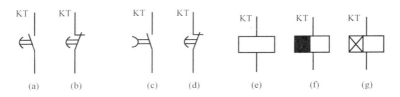

图1-13 时间继电器图形符号

(a)延时闭合动合触头;(b)延时断开动断触头;(c)延时断开动合触头;(d)延时闭合动断触头;
(e)通用线圈符号;(f)断电延时线圈;(g)通电延时线圈

(二)时间继电器的工作原理

早期在交流电路中常采用空气阻尼型时间继电器,利用空气通过小孔节流的原理来获得延时动作。它由电磁系统、延时机构和触点三部分组成。

目前最常用的为大规模集成电路型时间继电器,利用阻容原理来实现延时动作。在交流电路中往往采用变压器来降压,集成电路作为核心器件,其输出采用小型电磁继电器,使得产品的性能及可靠性比早期的空气阻尼型时间继电器要好得多,产品的定时精度及可控性也提高很多。常见时间继电器实物见图1-14。

图1-14 常见时间继电器实物图

七、按钮

(一)按钮的作用与图形符号

按钮是一种常用的控制电器元件,可以自动复位,常用来接通或断开控制电路,从而达到控制电动机运行状态或其他电气设备运行状态的一种开关,按钮图形符号及常见按钮实物如图1-15所示。

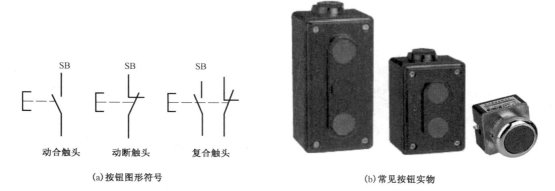

| 动合触头 | 动断触头 | 复合触头 |

(a)按钮图形符号   (b)常见按钮实物

图 1-15 按钮图形符号及常见按钮实物图

（二）按钮的工作原理

按下按钮帽时，连接桥向下运动，断开动断触头，这时动断触头与动合触头都在断开状态，接着向下按，这时动合触头闭合；松开按钮时，在复位弹簧的作用下，连接桥开始复位，动合触头先恢复断开状态，动断触头后恢复闭合状态。按钮结构如图 1-16 所示。

常见按钮型号含义，如图 1-17 所示。

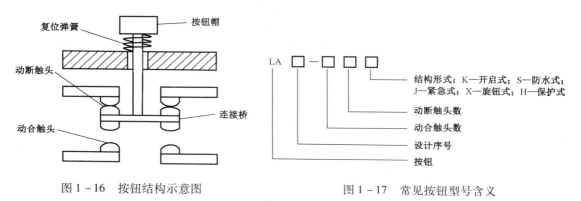

图 1-16 按钮结构示意图   图 1-17 常见按钮型号含义

🦋 任务实施

一、自动空气开关的拆装

任务描述：

（1）拆卸一个功能正常的自动空气开关，并记录各个元件的名称。

（2）把完全拆卸的自动空气开关安装成一个完好的自动空气开关，并进行操作调试。

（3）用兆欧表对自动空气开关进行绝缘测量，然后进行通电测试。

（一）准备工作

（1）准备工具 1 套、元件盒 1 个、万用表 1 块、兆欧表 1 块、塑料外壳断路器 1 个。

（2）纪律要求：实训期间必须穿工作服、工鞋；注意安全、遵守实习纪律，做到有事请假，不得无故不到或随意离开；实习过程中要爱护实习器材，节约用料；通电操作前必须向老师报告，批准后方可通电，通电前必须通知本组同学。

（二）拆装

基本要求:拆卸时必须按先后顺序放好器件,安装时顺序倒过来安装;所有小件要注意防止丢失;个别器件与教材上不一致,要注意区分。

拆卸完成后,记录相关信息,然后安装,安装完成后进行测量。

1. 自动空气开关的结构

小型自动空气开关的结构如图1-18所示。

2. 拆卸外壳

（1）仔细观察壳体,记录型号。

（2）明确拆卸螺钉位置,拆卸时要注意不能损坏壳体。

（3）拆卸的螺钉等小部件要放到事先准备好的地方。

（4）拆卸时要轻,不能硬撬。

3. 拆卸内部机构

（1）先仔细看清内部各个部件的位置。

（2）分析各个部件的关系,记录拆卸部件名称。

（3）拆卸部件应按从外向里的顺序进行,要注意联动的部分。

（4）拆卸的部件要按顺序摆放,否则安装时会导致顺序错误,安装出现问题。

（5）元件拆卸完成后,按元件摆放顺序,反顺序安装回原来位置。

（6）安装完毕后,操作几次,观察操作是否灵活。

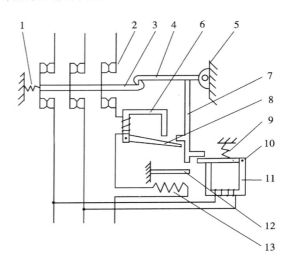

图1-18 小型自动空气开关结构示意图

1—弹簧;2—主触头;3—传动杆;4—锁扣;5—轴;
6—电磁脱扣器;7—杠杆;8—衔铁;9—弹簧;10—衔铁;
11—欠电压脱扣器;12—双金属片;13—发热元件

4. 填表

（1）正确填写拆装部件名称,填写断路器型号。

（2）填写部件功能。

5. 测量

（1）安装完毕后,用万用表测量触头通断电阻阻值,并做好记录。

（2）选择合适的兆欧表测量触头绝缘电阻,并做好记录。

二、接触器的拆装

任务描述:

(1)拆卸一个功能正常的低压接触器,并记录各个元件的名称。

(2)把完全拆卸的低压接触器安装成一个完好的低压接触器,并进行操作调试。

(3)用兆欧表对低压接触器进行绝缘测量,然后进行通电测试。

（一）准备工作

(1)准备工具:电工工具1套。

(2)准备低压电器:接触器。

(3)准备元件盒 1 个。

(4)准备好仪表:万用表 1 块,兆欧表 1 块。

(二)拆装

基本要求:拆卸时必须按先后顺序放好器件,安装时顺序倒过来安装;所有小件要注意防止丢失;个别器件与教材上不一致,要注意区分。

拆卸完成后,记录相关信息,然后安装,安装完成后进行测量。

1. 拆卸外壳

(1)仔细观察壳体,记录型号。

(2)明确拆卸螺钉位置,拆卸时要注意不能损坏壳体。

(3)拆卸的螺钉等小部件要放到事先准备好的地方。

(4)拆卸时要轻,打开下壳时要用手轻轻按住,防止内部小弹簧弹出。

2. 拆卸内部机构

(1)先仔细看清内部各个部件的位置,注意内部弹簧位置。

(2)分析各个部件的关系,记录拆卸部件名称。

(3)拆卸部件应按从外向里的顺序进行,要注意联动的部分。

(4)拆卸触头时要小心,不能硬撬。

(5)拆卸的部件要按顺序摆放。

(6)元件拆卸完成后,按元件摆放顺序,反顺序安装回原来位置。

(7)安装完毕后,操作几次,观察操作是否灵活。

3. 填表

(1)正确填写拆装部件名称,填写接触器型号。

(2)填写部件名称和功能。

4. 测量

(1)安装完毕后,用万用表测量触头通断电阻阻值,并做好记录。

(2)根据元器件的额定电压,选择合适的兆欧表,测量触头绝缘电阻,并做好记录。

(3)用万用表欧姆挡,选择合适的挡位,测量线圈电阻(小型继电器线圈电阻一般接近 1kΩ 左右)。

 评分标准

序号	考核内容	评分要素	配分	评分标准
1	正确拆装部件	1. 拆卸步骤正确 2. 工具使用正确	40	1. 拆装顺序不合理,每处扣 5 分 2. 安装完成后,操作不灵活,扣 5 分 3. 丢失螺钉,丢一个扣 2 分 4. 安装后有响声,扣 5 分 5. 拆装过程,器件本体损坏,每处扣 5 分 6. 掉落元件,每次扣 1 分
2	拆装表填写	1. 正确填写拆装表 2. 功能清楚明了	30	1. 少填写一项扣 2 分 2. 填写不清楚,每项扣 1 分

序号	考核内容	评分要素	配分	评分标准
3	触头电阻测量	1. 正确使用仪表 2. 正确测量,读数准确	20	1. 万用表未机械调零,扣2分 2. 万用表未欧姆调零,扣2分 3. 选择挡位不正确,扣5分 4. 操作方法不正确,扣5分 5. 未进行兆欧表验表,扣5分 6. 摇表手柄摇动速度超过120r/min,每次扣2分 7. 对兆欧表未正确操作测量,每次扣2分 8. 未粗测量绕组电阻值,扣2分 9. 未按单臂电桥正确使用方法操作,每错误一处扣2分 10. 损坏单臂电桥指针,扣2分
4	安全生产	1. 工具使用正确 2. 仪表使用正确 3. 器件拆装完好 4. 遵守安全操作规程	10	1. 工具使用正确,无损坏 2. 仪表使用正确,无损坏 3. 器件拆装完好,可投入使用 4. 按安全操作规程操作,无违纪行为 未达到以上任何一条,本项不得分

任务2 电动机的测量

 **任务来源**

电动机是机电设备最主要的原动机,是电能转化为机械能的一种电器。三相异步电动机由于具有成本低、效率高、结构简单等优点,在机电设备中广泛使用。三相异步电动机质量判别是所有从事电气岗位员工必须掌握的技能。

 学习目标

(1)掌握三相异步电动机的结构。
(2)学会电动机的测量。
(3)学会电动机质量的判别。

 **知识链接**

一、常用电工仪表的使用

(一)万用表

万用表可以用来测量被测量物体的电阻、交直流电压、交直流电流、晶体管的主要参数以及电容器的电容量和电感等。常见的万用表有指针式万用表和数字式万用表。指针式万用表是以表头为核心部件的多功能测量仪表,测量值由表头指针指示读取。数字式万用表的测量值由液晶显示屏直接以数字的形式显示,读取方便,有些还带有语音提示功能。

1. 使用方法

(1)使用前应熟悉万用表的各项功能,熟悉被测量的物理量,正确选用挡位、量程及表笔插孔。

（2）当被测物理量大小不明时，应先将量程开关置于最大值，而后由大量程往小量程挡处切换，使仪表指针指示在满刻度的 1/2 以上即可。

（3）测量电阻时，选择适当倍率挡，将两表笔短接，使指针归零；如指针偏离零位，应调节"调零"旋钮，使指针归零，以保证测量结果准确。

2. 注意事项

（1）在使用万用表之前，必须进行"机械调零"，使万用表指针指在零位。

（2）测量过程中，不能用手去接触表笔的金属部分，以保证测量结果的准确性和人身安全。

（3）不得带电换挡，否则会造成万用表毁坏；如需换挡，应先断开表笔，换挡后再去测量。

（4）万用表在使用时，必须水平放置，同时，还要避免外界磁场对万用表的影响。

（5）万用表使用完毕，应将转换开关置于交流电压的最大挡。

（6）万用表内干电池的正极与面板上"－"号插孔相连，干电池的负极与面板上的"＋"号插孔相连。

（7）每换一次倍率挡，要重新进行电调零。

（8）如果长期不使用万用表，应将其内部的电池取出，防止电池腐蚀表内其他器件。

（二）兆欧表

兆欧表是电工常用的一种测量仪表，大多采用手摇发电机供电，故又称摇表。它的刻度是以兆欧（MΩ）为单位的。兆欧表主要用来检查电气设备、家用电器或电气线路对地及相间的绝缘电阻，以保证这些设备、电器和线路正常工作，避免发生触电及设备损坏等事故。

1. 使用方法

（1）正确选用兆欧表。兆欧表的额定电压应根据被测电气设备的额定电压来选择。测量额定电压 500V 以下的设备，选用 500V 或 1000V 的兆欧表；测量额定电压在 500V 以上的设备，应选用 1000V 或 2500V 的兆欧表；测量绝缘子、母线等要选用 2500V 或 3000V 兆欧表。

（2）测量前应将兆欧表进行一次开路和短路试验，检查兆欧表是否良好。开路试验，摇动手柄使发电机达到额定转速（120r/min），观察指针是否指在标尺的"∞"位置；短路试验，将接线柱"线（L）"和"地（E）"短接，缓慢摇动手柄，观察指针是否指在标尺的"0"位，如指针不能指到"0"位，表明兆欧表有故障，应检修后再用。

（3）测量前必须将被测设备电源切断，并对地短路放电，决不允许带电测量，以保证人身和设备的安全。

（4）清理被测物表面，减小接触电阻，确保测量结果准确。

（5）兆欧表使用时应放在平稳、牢固的地方，且远离大的外电流导体和外磁场。

（6）正确接线。兆欧表上一般有三个接线柱，其中"L"接在被测物和大地绝缘的导体部分，"E"接在被测物的外壳或大地，"G"接在被测物的屏蔽上或不需要测量的部分。测量绝缘电阻时，一般只用"L"和"E"端，但在测量电缆对地的绝缘电阻或被测设备的漏电流较严重时，就要使用"G"端，并将"G"端接屏蔽层或外壳。

（7）摇测时将兆欧表置于水平位置，摇把转动时其端钮间不许短路。摇动手柄应由慢渐快，若发现指针指零，则说明被测绝缘物可能发生了短路。当转速达到 120r/min 左右时（ZC－25 型），保持匀速转动，1min 后读数。并且要边摇边读数，不能停下来读数。

（8）读数完毕,将被测设备放电。放电方法是将测量时使用的地线从兆欧表上取下来与被测设备短接一下即可。

2. 注意事项

（1）禁止在雷电时或高压设备附近测绝缘电阻,只能在设备不带电和没有感应电的情况下测量。

（2）摇测过程中,被测设备上不能有人工作。

（3）兆欧表线不能绞在一起,要分开。

（4）兆欧表未停止转动之前或被测设备未放电之前,严禁用手触及;拆线时,也不要触及引线的金属部分。

（5）测量结束时,对设备要放电。

（6）兆欧表接线柱引出的测量软线绝缘应良好,两根导线之间以及导线与地之间应保持适当距离,以免影响测量精度。

（7）为了防止被测设备表面泄漏电阻,使用兆欧表时,应将被测设备的中间绝缘层接于保护环。

（8）要定期校验兆欧表准确度。

（三）钳形电流表

1. 测量前的准备

（1）检查仪表的钳口上是否有杂物或油污,待清理干净后再测量。

（2）进行仪表的机械调零。

2. 测量操作

（1）估计被测电流的大小,将转换开关调至需要的测量挡。如无法估计被测电流大小,先用最高量程挡测量,然后根据测量情况调到合适的量程。

（2）握紧钳柄,使钳口张开,放置被测导线。为减小误差,被测导线应置于钳口的中央。

（3）钳口要紧密接触,如遇有杂音时,可检查钳口是否清洁,或重新开口一次,再闭合。

（4）测量5A以下的小电流时,为提高测量精度,在条件允许的情况下,可将被测导线多绕几圈,再放入钳口进行测量。此时,实际电流应是仪表读数除以放入钳口中的导线圈数。

（5）测量完毕,将选择量程开关拨到最大量程挡位上。

3. 注意事项

（1）被测电路的电压不可超过钳形电流表的额定电压。钳形电流表不能测量高压电气设备。

（2）不能在测量过程中转动转换开关换挡。在换挡前,应先将载流导线退出钳口。

（四）双臂电桥

单臂电桥不适于测量1Ω以下的小电阻。这是因为,当被测电阻很小时,测量中连接导线的电阻和接触电阻的影响,势必造成很大的测量误差。直流双臂电桥（图1-19）又称凯文电桥,可消除接线电阻和接触电阻的影响,是一种专门用来测量小电阻（$10^{-5}\sim100\Omega$）的电桥。

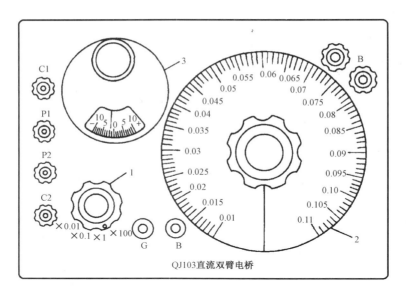

图 1-19 QJ103 直流双臂电桥面板图
1—倍率旋钮；2—可调电阻刻度盘；3—检流计及机械调零旋钮

1. 准备工作

（1）把电桥放平稳，断开电源和检流计按钮。

（2）进行机械调零，使检流计指针和零线重合。

（3）用万用表电阻挡粗测被测电阻值，调节倍率旋钮，选取合理的比例，保证测量精度。

（4）将被测电阻 Rx 接入"P1、P2"电位端接线柱。

2. 测量操作

（1）先按下电源按钮"B"，再点按检流计按钮"G"。

（2）迅速观察检流计指针与零线的偏转情况。若检流计指针摆向" + "端，旋转可调电阻刻度盘增大其电阻；若指针摆向" - "端，需减小其电阻。

（3）反复调节，直到指针指到零位为止。

（4）读出电阻刻度盘的电阻值再乘以倍率，即为被测电阻值。

（5）先断开"G"钮，再断开"B"钮，拆除测量接线，取出电池。

（6）使用完毕，应把倍率旋钮旋到"G 短路"位置上。

3. 注意事项

（1）"电源选择"开关拨向相应的正确位置。

（2）当测量电阻时，应先按"B"后按"G"按钮，并迅速调节读数盘。

（3）断开时，应先放"G"后放"B"按钮。

（4）因工作电流很大，测量时要尽量快。在实际操作中，"B"按钮应间歇使用，"G"按钮应点动操作。

（5）"P1、P2"电位端接线柱接在被测电阻 Rx 的内侧；"C1、C2"电流端接线柱接在被测电阻 Rx 的外侧。

（6）连接导线应尽量粗而短，接触要紧密。

二、三相异步电动机

（一）三相异步电动机的接线

三相异步电动机的定子绕组共有 6 个引线端，分别固定在接线盒内的接线柱上，各相绕组的始端分别用 U1、V1、W1 表示，末端用 U2、V2、W2 表示。定子绕组的始末端在机座接线盒内的排列次序如图 1 - 20 所示。

（二）三相异步电动机绕组的接法

1. 三相异步电动机丫形接法

若将 U2、V2、W2 接在一起，U1、V1、W1 分别接到 A、B、C 三相电源上，电动机为丫形接法，实际接线与原理接线如图 1 - 21 所示。

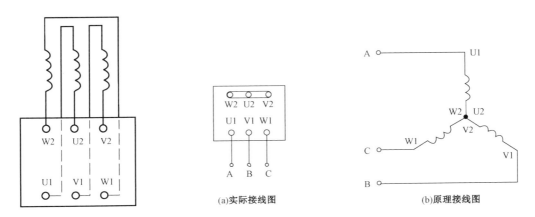

图 1 - 20　电动机绕组接线图　　　　图 1 - 21　电动机丫绕组接线图

2. 三相异步电动机△形接法

若将 U1 接 W2、V1 接 U2、W1 接 V2，然后分别接到三相电源上，电动机就是△形接法，如图 1 - 22 所示。

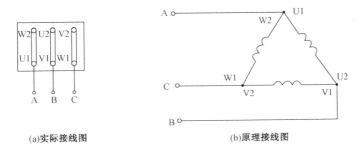

图 1 - 22　电动机△绕组接线图

在生产实践中，先进行电动机的安装固定，装接好控制板（箱）之后，三相电源线外要套装保护钢管，最后与电动机的接线螺栓相连。

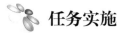 **任务实施**

任务描述：

测量一台三相异步电动机的参数，判别是否能正常投入运行，并把测量数据填写到测量数据表中。

一、外观检查

（1）电动机铭牌上制造厂名称、出厂日期、电动机型号规格、接线方式、工作方法、绝缘等级等记录清楚。

（2）电动机型号规格符合设计要求，附件、备件齐全。

（3）电动机安装牢固，连接紧密、牢固。

二、兆欧表测量电动机的绝缘电阻和吸收比

三相异步电动机接线盒内三相绕组的连接片全部拆开，用兆欧表测量每相对地的绝缘电阻，从而判断电动机三相负载的平衡情况。

（一）绝缘电阻和吸收比测量

测量绝缘电阻采用兆欧表。兆欧表的电压等级选择见表1-1。

表1-1　兆欧表的电压等级选择

设备或回路电压	<100V	<500V	<3kV	<10kV	≥10kV
兆欧表电压等级	250V	500V	1000V	2500V	2500V 或 5000V

额定电压为1000V以下，常温下绝缘电阻值不应低于0.5MΩ；额定电压为1000V及以上，在运行温度时的绝缘电阻值，定子绕组不应低于1MΩ/kV，转子绕组不应低于0.5MΩ/kV。额定电压为1000V及以上的电动机应测量吸收比，吸收比不应低于1.2。绝缘电阻的测量结果应满足表1-2的要求。

表1-2　电动机绝缘电阻标准

电动机额定电压	<1kV	≥1kV	
绝缘电阻	≥0.5MΩ（常温）	定子绕组	≥1MΩ/kV
		转子绕组	0.5MΩ/kV
吸收比		≥1.2	

绝缘电阻应读取60s时的阻值，吸收比应使用60s与15s时绝缘电阻的比值。可变电阻器、启动电阻器、天磁电阻器的绝缘电阻与回路一起测量，其值不低于0.5MΩ。电动机轴承绝缘电阻采用1000V兆欧表测量，其值不低于0.5MΩ。

（二）操作步骤

（1）选择合适的兆欧表。根据三相异步电动机的电压需要选用500V的兆欧表。

（2）检查兆欧表是否完好。

（3）拆开三相异步电动机接线盒，并拆去绕组之间的连接片。

（4）检查引出线的标记是否正确，转子转动是否灵活，轴伸端径向有无偏摆的情况。

（5）将三相异步电动机其中一相的线芯接"L"端,另一端"E"端接其绝缘层;然后按顺时针方向转动摇把,摇动的速度应由慢而快,当转速达到120r/min左右时,保持匀速转动1min后读数,并且要边摇边读数,不能停下来读数。

（6）放电拆线。

（7）安装好三相异步电动机接线盒,收拾好工具和仪表。

三、直流双臂电桥测量三相异步电动机定子绕组的电阻

三相异步电动机接线盒内三相绕组的连接片全部拆开,用直流双臂电桥可以测量每相的电阻,从而判断电动机三相负载的平衡情况。测量结果应满足:1kV以上或100kW以上电动机各相绕组直流电阻值相互差别不应超过其最小值的2%,中性点未引出的电动机可测线间直流电阻,其相互差别不应超过其最小值的1%;低压电动机各相电阻不平衡度小于5%。

操作步骤如下:

（1）将检流计扣打开,调节机械调零旋钮,使指针指向零。

（2）将三相异步电动机进线盒拆开,去掉连接片。

（3）将被测电动机定子电阻接在接线端钮上,根据定子绕组阻值范围选择合适的比例倍率。

（4）调节平衡时,先按下按钮"B",再按检流计按钮"G"。测量完毕后,先松开检流计按钮"G",再松开电源按钮"B",以防被测对象产生感应电动势而损坏检流计。

（5）按下"G"按钮后,若指针向"+"侧偏转,应增大电阻;若指针向"−"侧偏转,应减小电阻。

（6）若使用外接电源,其电压应按规定选择,电压过高会损坏桥臂电阻,电压太低则会降低灵敏度。

四、钳形电流表测量电动机电流

三相异步电动机空载运行时,三相绕组中通过的电流称为空载电流。绝大部分的空载电流用来产生旋转磁场,称为空载激磁电流,是空载电流的无功分量。一般小型电动机的空载电流为额定电流的30%~70%,大中型电动机的空载电流为额定电流的20%~40%,估算出空载电流大小;根据铭牌确定额定负载电流大小。

操作步骤如下:

（1）检查钳形电流表是否完好,按下手柄,看钳口是否能够灵活开启。

（2）测量前对钳形电流表进行机械调零。

（3）按电路图连接三相异步电动机。

（4）根据铭牌示数确定空载电流及额定电流,依此选择合适量程。

（5）测量时,先清理钳口,使钳口紧密闭合。

（6）应使被测导线处在钳口的中央,并使钳口闭合紧密,以减小误差。

（7）测量完毕,要将转换开关放在最大量程处。

五、交流耐压试验

（1）低压电动机定子绕组直流耐压试验,应符合下列规定:

① 试验电压为电动机额定电压的3倍。

② 试验电压按每级 0.5 倍额定电压分阶段升高,每阶段停留 1min。

(2) 泄漏电流应符合下列规定:

① 各相泄漏电流的差别不应大于最小值的 50%,当最大泄漏电流在 20μA 以下时,各相间差值与出厂试验值比较不应有明显差别。

② 泄漏电流不应随时间延长而增大;当不符合上述规定之一时,应找出原因,并将其消除。

③ 泄漏电流随电压不成比例地显著增长时,应及时分析。

(3) 其他要求:

① 定子绕组的极性及其连接检查。定子绕组的极性及连接检查结果应与铭牌相符合;有问题时应该测量电动机的首尾端。

② 电动机的空载试验。电动机空载运行 2h,记录空载电流。

③ 电动机转速测量。电动机正常运行稳定后,用转速表测量其转速并记录。

④ 电动机绝缘电阻不合要求时应进行电动机干燥,干燥可用灯泡干燥法或电流干燥法。

灯泡干燥法:采用红外线灯泡或一般灯泡使灯光直接照射在绕组上,温度高低的调节可通过改变灯泡功率来实现。

电流干燥法:采用低电压,用变阻器调节电流,其电流大小宜控制在电动机额定电流的 60% 以内,并设置测温计,随时监视干燥温度。

干燥前应根据电动机受潮情况制定烘干方法和有关技术措施。烘干温度应缓慢上升,铁芯和线圈最高温度应控制为 70 ~ 80℃。

注意事项:电动机的电气检查与接线必须三人以上同时操作,互相监护。应有专人做记录,且记录必须有人核实。

六、交流电动机参数测量表格填写

电动机参数测量表见表 1 - 3。

表 1 - 3 电动机参数测量表

相序	电源电压,V	空载电流,A	空载电流平衡度	绝缘电阻,MΩ	直流电阻,Ω	直流电阻平衡度
U						
V			公式:			公式:
W						
U - V			结果:			结果:
U - W						
V - W						

状态分析:
1. 三相电源电压＿＿＿＿＿＿5%
2. 电动机三相空载电流＿＿＿＿＿＿10%
3. 电动机三相直流电阻＿＿＿＿＿＿5%
4. 电动机三相绝缘电阻＿＿＿＿＿＿0.5MΩ
5. 机械方面:
综合评价:此电动机＿＿＿＿,＿＿＿＿投入运行

空载电流平衡度和直流电阻平衡度的计算公式如下：

$$R_{av} = \frac{1}{3}(R_U + R_V + R_W) \qquad\qquad (1-10)$$

$$\varepsilon_R = \frac{R_{max} - R_{min}}{R_{av}} \times 100\% \qquad\qquad (1-11)$$

式中　R_{av}——三相电阻的平均值，Ω；

　　　R_U——电机 U 相电阻，Ω；

　　　R_V——电机 V 相电阻，Ω；

　　　R_W——电机 W 相电阻，Ω；

　　　R_{max}——三相电阻中的最大值，Ω；

　　　R_{min}——三相电阻中的最小值，Ω。

$$I_{av} = \frac{1}{3}(I_{0U} + I_{0V} + I_{0W}) \qquad\qquad (1-12)$$

$$\varepsilon_I = \frac{I_{0W} - I_{av}}{I_{av}} \times 100\% \qquad\qquad (1-13)$$

式中　I_{av}——三相电流的平均值，A；

　　　I_{0U}——U 相空载电流，A；

　　　I_{0V}——V 相空载电流，A；

　　　I_{0W}——W 相空载电流，A。

 评分标准

序号	考核内容	评分要素	配分	评分标准
1	测量空载电流	用钳形表测量电动机每相空载电流	20	1. 带电测量未注意安全，扣 5 分 2. 挡位选择错误，扣 2 分 3. 带电换挡，扣 5 分 4. 测量时钳形表使用不规范，每处扣 1 分 5. 测量数据错误，扣 5 分
2	测量电源电压	用万用表测量电源电压	5	1. 带电测量未注意安全，每处扣 1 分 2. 仪表使用错误，每处扣 1 分 3. 测量错误，扣 2 分
3	检测前的准备	1. 将电动机断电、验电、放电 2. 拆除电源线、拆除电动机连接片	10	1. 未断电，本项不得分 2. 未验电，扣 2 分 3. 未放电，扣 2 分 4. 未拆除电源线引线，扣 2 分 5. 未拆除电动机连接片，扣 4 分
4	测量绝缘电阻	测量电动机相对地、相间绝缘电阻	20	1. 兆欧表选择错误，扣 2 分 2. 未开路或短路校验兆欧表，每处扣 1 分；不能判断兆欧表好坏，扣 2 分 3. 接线错误，扣 2 分 4. 测量时兆欧表使用不规范，每处扣 1 分 5. 少测量一项，扣 3 分

序号	考核内容	评分要素	配分	评分标准
5	测量直流电阻	1. 万用表粗测电动机绕组直流电阻 2. 单臂电桥测电动机绕组直流电阻	25	1. 未粗测量绕组电阻值,扣2分 2. 未按单臂电桥正确使用方法操作,每错误一处扣2分 3. 损坏单臂电桥指针,扣3分 4. 少测量一项,扣5分 5. 测量数据错误,扣5分 6. 未记录测量数据,本项不得分
6	综合评价	1. 计算直流电阻、空载电流平衡度 2. 根据测量的参数对电动机进行状态评价	20	1. 计算公式错误,扣6分;计算结果错误,扣4分 2. 未写出评价结论,扣6分;结论缺项每缺一项,扣2分

项目二　电动机典型控制电路

电力拖动装置由电动机及其自动控制装置组成。自动控制装置通过对电动机启动、制动、转速调节、转矩以及某些物理参量按一定规律变化的控制等,可实现对机械设备的自动化控制。三相异步电动机在工农业生产中应用非常广泛,其控制线路的安装和调试是电工岗位的一项重要技能。本项目中主要介绍常用的几种继电—接触器控制线路的工作原理,以及线路的安装与调试,逐步培养识读图能力和故障处理能力以及实践操作技能,为今后从事控制线路的设计、安装和技术改造打下一定的基础。

任务 1　三相异步电动机点动与自锁控制

任务来源

电气控制图是电气技术领域广泛应用的一种技术文件,是设计、分析和维修不可缺少的技术文件;其中原理图(电路图)是分析控制原理的基础;接线图是表达项目组件或单元之间物理连接信息的简图,适合维修工作岗位的技术资料;布置图是项目相对或绝对位置信息的图,是设计安装岗位的基础资料。三相异步电动机点动与自锁控制是电力拖动的基础,点动与自锁控制的学习,是电力拖动的基础电路。

学习目标

(1)学习电气控制图的识读。
(2)学会三相异步电动机点动与自锁控制电路的分析。
(3)掌握三相异步电动机点动与自锁控制电路的安装与调试。

知识链接

一、电气控制图的识读

(一)电工用图的分类及其作用

在电气控制系统中,首先是由配电器将电能分配给不同的用电设备,再由控制电器使电动机按设计的要求运转,满足不同生产机械的控制要求。在电工行业中,安装、维修都要依靠电气控制原理图和施工图,施工图又包括电气元件平面布置图和电气接线图。电工用图的分类及其作用见表1-4。

表1-4 电工用图的分类及其作用

电工用图		概念	作用	图中内容
电气控制图	原理图	是用国家统一规定的图形符号、文字符号和线条连接来表明各个电器的连接关系和电路工作原理的示意图	是分析电气控制原理、绘制及识读电气控制接线图和电器元件位置图的主要依据	电气控制线路中所包含的电器元件、设备、线路的组成及连接关系
	施工图 电气元件平面布置图	是根据电器元件在控制板上的实际安装位置,采用简化的外形符号(如方形等)而绘制的一种简图	主要用于电器元件的布置和安装	项目代号、端子号、导线号、导线类型、导线截面等
	电气接线图	是用来表明电气设备或线路连接关系的简图	是安装接线、线路检查和线路维修的主要依据	电气线路中所含元器件及其排列位置,各元器件之间的接线关系

电气控制图是电气工程技术的通用语言。为了便于信息交流与沟通,在电气控制线路中,各种电器元件的图形符号和文字符号必须统一,即符合国家强制执行的国家标准。

(二)读图的方法和步骤

电气控制图是根据国家标准规定的图形符号和文字符号,按照规定的画法绘制出的图纸,电气设计、安装、调试与维修都要以电气控制图为依据。

1. 电气控制图中常用的文字符号

要识读电气控制图,必须首先明确电气控制图中常用的图形符号和文字符号所代表的含义,这是看懂电气控制图的前提和基础。

(1)基本文字符号。基本文字符号又分单字母文字符号和双字母文字符号两种。单字母文字符号是按拉丁字母顺序将各种电气设备、装置和元器件划分为23类,每一大类电器用一个专用单字母符号表示,常用文字符号如"K"表示继电器、接触器类,"Q"表示开关类。当单字母符号不能满足要求,而需要将大类进一步划分,以便更为详尽地表述某一种电气设备、装置和元器件时,采用双字母符号。双字母符号由一个表示种类的单字母符号与另一个字母组成,组合形式为单字母符号在前、另一个字母在后,如"K"表示继电器、接触器类,"KM"表示接触器,"KA"表示继电器;"Q"表示开关类,"QS"表示刀开关,"QF"表示自动空气开关;"F"表示保护器件类,"FU"表示熔断器,"FR"表示热继电器;"X"表示端子,"XT"表示端子排,"XP"表示插头,"XS"表示插座;"S"表示开关类器件,"SA"表示控制开关,"SB"表示按钮,"SQ"表示位置传感器,"ST"表示温度传感器,"SP"表示压力传感器。通过文字符号,可以确定电器元件的功能。

(2)辅助文字符号。辅助文字符号用来表示电气设备、装置、元器件及线路的功能、状态和特征,如"DC"表示直流,"AC"表示交流。辅助文字符号也可单独使用,如"ON"表示接通,"N"表示中性线,"PE"表示接地线等。

2. 电气控制图分类

(1)系统图或框图:用符号或带注释的框概略地表示系统或分系统的基本组成、相互关系及其主要特征的一种简图。

(2)电路图:用图形符号并按工作顺序排列,详细表示电路、设备或成套装置的全部组成和连接关系,而不考虑其实际位置的一种简图。目的是便于详细理解作用原理、分析和计算电路特性。

(3)功能图:表示理论的或理想的电路而不涉及实现方法的一种图,其用途是提供绘制电路图或其他有关简图的依据。

(4)逻辑图:主要用二进制逻辑(与、或、异或等)单元图形符号绘制的一种简图,其中只表示功能而不涉及实现方法的逻辑图称为纯逻辑图。

(5)功能表图:表示控制系统的作用和状态的一种图。

(6)等效电路图:表示理论的或理想的元件(如 R、L、C)及其连接关系的一种功能图。

(7)程序图:详细表示程序单元和程序片段及其互联关系的一种简图。

(8)设备元件表:根据成套装置、设备和装置中各组成部分和相应数据列成的表格,其用途是表示各组成部分的名称、型号、规格和数量等。

(9)端子功能图:表示功能单元全部外接端子,并用功能图、功能表图或文字表示其内部功能的一种简图。

(10)接线图或接线表:表示成套装置、设备或电路的连接关系,用以进行接线和检查的一种简图或表格。

(11)单元接线图或单元接线表:表示成套装置或设备中一个结构单元内的连接关系的一种接线图或接线表(结构单元指在各种情况下可独立运行的组件或某种组合体)。

(12)互连接线图或互连接线表:表示成套装置或设备的不同单元之间连接关系的一种接线图或接线表(线缆接线图或接线表)。

(13)端子接线图或端子接线表:表示成套装置或设备的端子以及接在端子上的外部接线(必要时包括内部接线)的一种接线图或接线表。

(14)电费配置图或电费配置表:提供电缆两端位置,必要时还包括电费功能、特性和路径等信息的一种接线图或接线表。

(15)数据单:对特定项目给出详细信息的资料。

(16)位置简图或位置图:表示成套装置、设备或电路中各个项目的位置的一种简图或位置图;用图形符号绘制,用来表示一个区域或一个建筑物内成套电气装置中的元件位置和连接布线。

3. 元件中功能相关各部分的表示方法

(1)集中表示法:把一个复合符号的各部分列在一起的表示方法。如图 1 - 23(a)所示,这种画法的优点是能一目了然地了解电气图中任何一个元件的所有部件,但这种表示法的缺点是不易理解电路的功能原理。

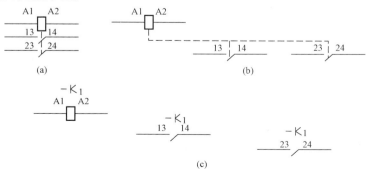

图 1 - 23 元件的表示方法

（2）半集中表示法：把同一个元件不同部件的符号分别画在不同位置的表示方法，如图1-23（b）所示。通过虚线把具有以上联系的各元件或属于同一元件的各部件连接起来，以清晰表示电路布局，这种画法的优点是易于理解电路的功能原理，而且也能通过虚线一目了然地找到电气图中任何一个元件的所有部件。但和分开表示法相比，这种表示法不宜用于很复杂的电气图。

（3）分开表示法：把同一个元件中的不同部件的图形符号用于有功能联系的元件分散于图中的表示方法，采用同一个元件的项目代号表示元件中各部件之间的关系，以清晰表示电路布局，如图1-23（c）所示。与集中表示法和半集中表示法相比，用分开表示法表示的异步电动机正、反转控制电路，其电路图要简明得多。

（4）重复表示法：把一个复杂符号（通常用于有电功能联系的元件，例如用含有公共控制框或公共输出框的符号表示的二进制逻辑元件）示于图上的两处或多处的表示方法，同一项目代号只代表同一个元件。

4. 电气原理图的绘制和阅读方法

电气原理图是用于描述电气控制线路工作原理以及各电器元件的作用和相互关系的图，而不需要考虑各元件位置和导线连接情况。

1）电气原理图的绘制

（1）电气原理图一般由主电路、控制电路和辅助电路三部分组成。主电路是指连接电源到电动机的电路，可通过大电流；控制电路是指控制主电路工作状态的电路；辅助电路包括照明电路、信号电路及保护电路等。控制电路和辅助电路一般由接触器、继电器的线圈和触点、按钮、照明灯、信号灯、控制变压器等电器元件组成，这些电路通过的电流都较小，一般不超过5A。一般主电路用粗实线表示，画在左边（或上部），电源电路画成水平线，三相交流电源相序L1、L2、L3由上而下依次排列画出，经电源开关后用U、V、W或U、V、W后加数字标志；中线（N）和保护地线（PE）画在相线之下；直流电源则正端在上、负端在下画出；辅助电路用细实线表示，画在右边（或下部）。

（2）图中所有的电器元件都使用国家标准规定的图形符号和文字符号来表示。同一低压电器的线圈和触点，都要用同一文字符号表示，如果同类型的元器件过多，可在文字符号后加注阿拉伯数字序号来区分，例如两个接触器用KM1、KM2（或KMY、KMD）分别表示。

（3）图中同一电器的不同部件，常常不绘在一起，而是绘在它们各自完成功用的地方。例如接触器的主触点通常绘在主电路中，而线圈和辅助触点则绘在控制电路中，但它们都用相同的文字符号表示。

（4）图中所有电器触点都按没有通电或没有外力作用时的常态绘出。

（5）绘图时，尽量减少线条，尽量避免交叉线的出现。两线需要交叉连接时，需用黑色实心圆点表示；两线交叉不连接时，需用半空心圆表示跨过。

（6）无论是主电路还是辅助电路，电气元件一般应按动作顺序从上到下、从左到右依次排列，可水平或垂直布置。

（7）原理图中两条以上导线的电气连接处要打一圆点，且每个接点要标一个编号，编号的原则是：靠近左边电源线的用单数标注，从"1"开始进行编号；靠近右边电源线的用双数标注，从"0"开始编号；以电器的线圈或电阻作为单、双数的分界线，故电器的线圈或电阻应尽量放在各行的一边（左边或右边）。

2)电气原理图的阅读方法

阅读电气原理图的步骤:一般先看主电路,再看控制电路,最后看信号及照明等辅助电路。一般从主电路的接触器入手,按动作的先后次序分析,搞清楚它们的动作条件和作用。控制电路一般都由一些基本环节组成,阅读时可把它们分离出来,便于分析。最后分析保护环节。

对于机、液(或气)、电配合得比较密切的生产机械,先了解有关的机械传动和液(气)压传动后,再看电气控制图,只有这样,才能分析出全部控制过程。

二、基本控制线路的装接步骤和工艺要求

(一)电气控制线路的安装工艺及要求

(1)应检查元器件是否合格。

(2)检查元件数量和型号是否与安装电路一致。

(3)配线用导线可用单股线(硬线)或多股线(软线)连接。单股线连接时,要求连线横平竖直,沿安装板走线,尽量少出现交叉线,拐角处应为直角,整体布局要美观、整洁,便于检查,整体框架清晰。用多股线连接时,安装板上应搭配有行线槽,所有连线沿行线槽内走线。

(4)导线线头裸露部分不能超过1mm。

(5)每个瓦状接线柱不允许超过两根导线,导线与元件连接要接触良好,以减小接触电阻。凹形接线柱压接两根导线时,必须为同类同线径导线。

(6)导线与元件连接处是螺钉的,导线线头必须按顺时针方向绕线。

(二)电气控制线路的安装方法及步骤

(1)识读电气原理图。明确电气原理图中的各种元器件的名称、符号、作用,理清电路图的工作原理及其控制过程。

(2)选择元器件。根据电气原理图选择元器件并检验。检查所有元器件的型号、容量、尺寸、规格、数量等是否与设计相符。

(3)准备工具、仪表和导线。按控制电路的要求配齐工具、仪表,按照控制对象选择合适的导线,包括类型、颜色、截面积等。电路U、V、W三相用黄色、绿色、红色导线,中性线(N)用黑色导线,保护接地线(PE)必须采用黄绿双色导线。

(4)安装线路。根据电路原理图、接线图和平面布置图,对所选组件(包括接线端子)进行安装接线。导线线号的标志应与原理图和接线图相符。在每一根连接导线的线头上必须套上标有线号的套管,位置应接近端子处。线号编制方法如下:

① 主电路。三相电源按相序自上而下编号为L1、L2、L3;经过电源开关后,在出线端子上按相序依次编号为U11、V11、W11。主电路中的各支路,应从上至下、从左至右,每经过一个电器元件的线桩后,编号要依次递增,如U11、V11、W11、U12、V12、W12……单台三相交流电动机(或设备)的三根引出线按相序依次编号为U、V、W(或用U1、V1、W1 表示);多台电动机引出线的编号,为了不至于引起误解和混淆,可在字母前冠以数字来区别,如1U、1V、1W,2U、2V、2W……

② 控制电路与照明、指示电路。应从上至下、从左至右,逐行用数字依次编号,每经过一个电器元件的接线端子,编号要依次递增。电源左侧从"1"开始编号,按奇数进行编号;电源右侧从"0"开始编号,按偶数编号,奇、偶数以线圈或电阻为界。

(5)连接保护接地线、电源线及控制电路板外部连接线。

（6）线路不带电检测。用万用表欧姆挡检测，分别按下按钮和接触器，初步判定线路正确与否，必须保证各种状态下不会出现短路。

（7）通电试车。

（8）安装电动机，正式试车运行。

（三）电气控制线路安装注意事项

（1）严禁带电接线。遵守"先接线后通电，先接电路部分后接电源部分；先接控制电路，后接主电路，再接其他电路；先断电源后拆线"的操作程序。

（2）接线时，必须先接负载端，后接电源端；先接接地端，后接三相电源相线。

（3）发现异常现象（如发响、发热、焦臭），应立即切断电源，保持现场，必须查出原因，否则不得再次通电。

（4）不得随意通电，不随意使用设备。

（四）通电前检查

（1）检查所有元器件是否与电气原理图上的一致、齐全。

（2）检查保护措施是否可靠。

（3）检查控制电路是否满足电气原理图所要求的各种功能。

（4）检查各个接线端子是否连接牢固。

（5）检查电气元件安装是否正确、可靠。

（6）检查布线是否符合要求、整齐。

（7）检查各个按钮、信号灯罩和各种电路绝缘导线的颜色是否符合要求。

（8）检查电动机是否合格。

（9）检查电气线路的绝缘电阻是否符合要求。

（五）空载试验

（1）通电前必须通知教师，教师同意后方可通电，并且通知本组所有成员。

（2）通电前应检查所接电源是否符合要求。

（3）通电后应先点动，检查电气线路的工作是否正确、操作顺序是否正常。

（4）如有异常情况，必须立即切断电源查明原因。

（六）负载试车

（1）连接电动机，在正常负载下连续运行，验证电气设备所有部分运行的正确性。

（2）带生产设备运行，注意机械运行特性，不得超过机械的最大运行负载能力。

（3）特别要验证电源中断和恢复时是否会危及人身安全、损坏设备。同时要验证全部器件的温升不得超过规定的允许温升以及在有负载情况下验证急停器件是否仍然安全有效。

三、三相异步电动机点动与自锁控制电路的安装与调试

（一）电动机点动控制

点动控制电气原理图，见图 1-24；平面布置图见图 1-25；接线图见图 1-26。

动作过程分析：合上电源开关 QF，按下按钮 SB，按钮动合触头闭合，接触器 KM 线圈得电，铁芯中产生磁通，接触器 KM 的衔铁在电磁吸力的作用下迅速带动动合触头闭合，三相电

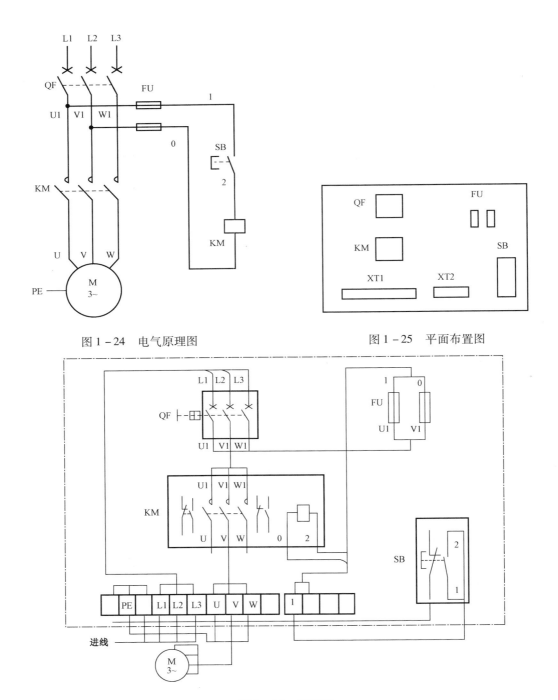

图 1-24　电气原理图　　　　　　　　图 1-25　平面布置图

图 1-26　接线图

源接通,电动机启动。当按钮 SB 松开时,按钮动合触头断开,接触器 KM 线圈失电,在复位弹簧的作用下触点断开,电动机停止转动。由于在按钮按下时电动机才转动,按钮松开时电动机停止,因此称该电路为点动电路。

点动控制的使用场所:点动控制电路常用于短时工作制电气设备或需精定位场合,如门窗的启闭控制或吊车吊钩移动控制等。点动控制基本环节一般是在接触器线圈中串接动合控制按钮,在实际控制线路中有时也用继电器动合触头代替按钮控制。

（二）电动机自锁控制电路

1. 工作原理

点动控制电路设备在连续工作时就显得十分不便,为此应该设计一种能自动保持按钮动作状态的电路,即自锁(自保)控制电路(图1-27),现在也常称为启、保、停控制。

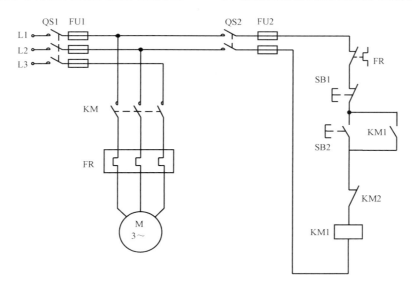

图1-27 三相异步电动机自锁控制电路

2. 动作过程

先合上电源开关QS。

(1)启动运行。按下按钮SB2→KM线圈得电→KM主触点和自锁触点闭合→电动机M启动连续正转。

(2)停车。按停止按钮SB1→控制电路失电→KM主触点和自锁触点分断→电动机M失电停转。

(3)过载保护。电动机在运行过程中,由于过载或其他原因使负载电流超过额定值时,经过一定时间,串接在主回路中热继电器FR的热元件双金属片受热弯曲,推动串接在控制回路中的动断触头断开,切断控制回路,接触器KM的线圈断电,主触头断开,电动机M停转,达到了过载保护的目的。

（三）三相异步电动机自锁与连续运行控制

在生产实践过程中,机床设备正常工作需要电动机连续运行,而试车和调整刀具与工件的相对位置时又要求"点动"控制。为此,生产加工工艺要求控制电路既能实现"点动控制",又能实现"连续运行"工作。

用途:试车、检修以及车床主轴的调整和连续运转等。

方法一:用开关,如图1-28(a)所示。

方法二:用复合按钮,如图1-28(b)所示。

方法三:用中间继电器,如图1-28(c)所示。

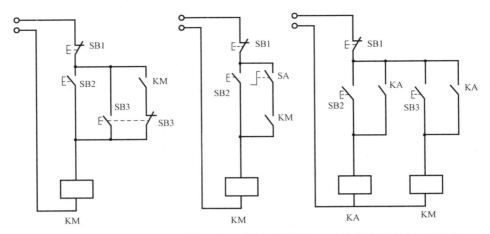

(a)用按钮实现长动与点动电路　　(b)用转换开关实现长动与点动电路　　(c)用继电器实现长动与点动电路

图1-28　长动与点动控制电路图

 任务实施

任务描述:
(1)选择元器件。
(2)按电动机长动与点动控制电路安装要求完成电路安装与调试。

一、实训安装工艺要求

(一)检验器材质量

在不通电的情况下,用万用表或肉眼检查各元器件各触点的分合情况是否良好;用手感觉熔断器在插拔时的松紧度,及时调整瓷盖夹片的夹紧度;检查按钮中的螺钉是否完好,是否滑丝;检查接触器的线圈电压与电源电压是否相符,用万用表检测各元器件触头电阻和线圈电阻。

(二)安装电器元件

(1)组合开关、熔断器的受电端子应安装在控制板的外侧。
(2)各元件的安装位置应合理整齐、间距匀称、便于更换。
(3)紧固各元器件时应用力均匀,紧固程度适当。在紧固熔断器、接触器等易碎元件时,应用手按住元件,一边轻轻摇动,一边用旋具轮流旋紧对角螺钉,直至手感摇不动后再适度旋紧一些即可;时间继电器上的端点小而脆,在接拆线时应特别注意,须一手拧螺钉一手托住端点。

(三)板前明线布线

布线时应符合平直整齐、紧贴敷设面,走线合理及节点不得轻动、露铜不得过长等要求。
其原则:
(1)走线通道应尽可能少,单层平行密排,并紧贴敷设面。
(2)同一平面的导线应高低一致或前后一致,不能交叉。但必须交叉的,该导线在接线端子引出时水平架空跨越,必须走线合理。

(3)布线应横平竖直,变换走向应垂直。

(4)导线与接线端子或线桩连接时,应不压绝缘层,不反圈及不露铜过长,并做到同一元件、同一回路的不同接点的导线间距保持一致。

(5)一个电器元件接线端子上的连接导线不得超过两根,端子排上的每节接线桩上一般只允许连接一根。

(6)布线和剥线时严禁划伤线芯和导线绝缘。

(7)需在螺钉上打圈接线时导线不得反圈。

(四)自检

(1)检查万用表的电阻挡是否完好、表内电池能量是否充足。

(2)检查控制回路时,可用万用表表棒分别搭在 FU2 的出线端上,此时读数应为∞,按下启动按钮时,读数应为某条支路上的单个或几个接触器线圈的并联直流电阻阻值。在较繁电路中,应能找出其他回路,并用万用表的电阻挡进行检查。

(3)检查主电路时,可以对在用手下压接触器的接点来代替接触器的吸合时的情况进行检查。

(五)通电试车

通电前必须自检无误并征得指导教师的同意,通电时必须有指导教师在场方能进行。在操作过程中应严格遵守操作规程,以免发生意外。

二、操作准备

(1)工具与仪表见表 1-5。

表 1-5 工具与仪表

序号	名称	型号	数量	单位	备注
1	万用表	MF47	1	块	
2	摇表	500V	1	块	
3	电工钳		1	把	
4	"十"字螺丝刀	三寸 - ϕ5mm × 75mm	1	把	
5		二寸 - ϕ3mm × 50mm	1	把	
6	"一"字螺丝刀	三寸 - ϕ5mm × 75mm	1	把	
7	元件盒		1	个	

(2)材料见表 1-6。

表 1-6 材料准备

序号	名称	型号	数量	单位	备注
1	小型空气断路器	DZ47 - 63/3P C20	1	个	
		DZ47 - 63/2P C6	1	个	
2	接触器	CJX2 - 0910 380V	3	个	配外挂 F4 - 22
3	时间继电器	JSZ3 - 380V	1	个	

序号	名称	型号	数量	单位	备注
4	热继电器	JR36 – 32/16	1	个	
5	位置开关	LX19 – 111	2	个	
6	按钮	LA4 – 3H	1	个	
7	端子排	TB – 1012	1	个	
		TB – 2506	1	个	
8	三相异步电动机	Y 系列:Y90S – 4	1	台	380V 1.1kW

三、实施步骤

(1)读懂点动正转控制线路电路图,明确线路所用元件及其功能。

(2)配置所用电器元件,并检验型号及性能。在配置过程中应注意以下事项:

① 电器元件的技术数据符合要求,外观无损伤。

② 电器元件的电磁机构动作要灵活。

③ 对电动机进行常规检查。

(3)在控制板上按布置图安装电器元件,并标注上醒目的文字符号。工艺要求如下:

① 自动空气开关、熔断器的受电端子应安装在控制板的外侧。

② 各元件的安装位置应整齐、匀称,间距合理,便于元件的更换。

③ 紧固各元件时要用力均匀,紧固程度适当。在紧固熔断器、接触器等易碎裂元件时,应用手按住元件,一边轻轻摇动,一边用螺丝刀轮换旋紧对角螺钉,直到手摇不动后再适当旋紧些即可。

(4)按图进行板前明线布线和套编码套管。板前明线布线的工艺要求如下:

① 布线通道尽可能少,同路并行导线按主、控电路分类集中,单层密排,紧贴安装面布线。

② 同一平面的导线应高低一致。

③ 布线应横平竖直,导线与接线螺栓连接时,应打羊眼圈,并按顺时针旋转,不允许反圈。对瓦片式接点导线连接时,直线插入接点固定即可。

④ 布线时不得损伤线芯和导线绝缘。所有从一个接线端子到另一个接线端子的导线必须连续,中间无接头。

⑤ 导线与接线端子或接线桩连接时,不得压绝缘层及露铜过长。在每根剥去绝缘层导线的两端套上编码套管。

⑥ 一个电器元件接线端子上的连接导线不得多于两根,每节接线端子板上的连接导线一般只允许连接一根。

⑦ 同一元件、同一回路的不同接点的导线间距离应一致。

(5)根据电路控制图检查控制板布线的正确性。

(6)安装电动机。

(7)连接电动机和按钮金属外壳的保护接地线。

(8)连接电源、电动机等控制板外部的导线。

(9)自检。

① 按电路原理图或电气接线图从电源端开始,逐段核对接线及接线端子处连接是否正

确,有无漏接、错接之处。检查导线接点是否符合要求,压接是否牢固,接触应良好,以免接负载运行时产生闪弧现象。检查主电路时,可以手动来代替受电对线圈励磁吸合时的情况进行检查。

② 用万用表检查控制线路的通断情况:用万用表表笔分别搭在接线图 U1、V1 线端上(也可搭在 0 与 1 两点处),这时万用表读数应在"∞";按下 SB 时表读数应为接触器线圈的直流电阻阻值。

③ 用兆欧表检查线路的绝缘电阻不得小于 0.5MΩ。

(10)通电试车。接电前必须征得指导教师同意,并由指导教师接通电源和现场监护。

① 学生合上电源开关 QS 后,允许用万用表或测电笔检查主、控电路的熔体是否完好,但不得对线路接线是否正确进行带电检查。

② 第一次按下按钮时,应短时点动,以观察线路和电动机有无异常现象。

③ 试车成功率以通电后第一次按下按钮时计算。

④ 出现故障后,学生应独立进行检修。若需要带电检查时,必须有教师在现场监护。检修完毕再次试车,也应有教师监护,并做好实习时间记录。

⑤ 实习课题应在规定时间内完成。

四、注意事项

(1)不触摸带电部件,严格遵守"先接线后通电,先接电路部分后接电源部分;先接主电路,后接控制电路,再接其他电路;先断电源后拆线"的操作程序。

(2)接线时,必须先接负载端,后接电源端;先接接地端,后接三相电源相线。

(3)发现异常现象(如发响、发热、焦臭),应立即切断电源,保持现场,报告指导老师。

(4)电动机必须安放平稳,电动机及按钮金属外壳必须可靠接地。接至电动机的导线必须穿在导线通道内加以保护,或采取坚韧的四芯橡皮护套线进行临时通电校验。

(5)电源进线应接在螺旋式熔断器底座中心端上,出线应接在螺纹外壳上。

(6)按钮内接线时,用力不能过猛,以防止螺钉打滑。

 评分标准

序号	考核内容	评分要素	配分	评分标准
1	元件检查	检查元件完好	5	1. 元件接点、线圈、螺钉少检查一处扣 0.5 分 2. 万用表使用错误,每次扣 1 分
2	布线接线	1. 布线均匀、整齐、少交叉 2. 布线转交规范,成 90° 3. 接线合理,接线牢固 4. 接线头露铜符合规定要求 5. 接线不损伤元件	50	1. 接点露铜大于 1mm,每处扣 0.5 分 2. 接点松动、虚接,每处扣 0.5 分 3. 布线多交叉一处,每处扣 0.5 分 4. 布线弯角不成 90°或硬弯,每处扣 5 分 5. 布线不平直、超长,每根扣 0.5 分 6. 损坏元件本体,每件(不包括接线挂)扣 5 分 7. 选线不合理,扣 5 分
3	通电试验	1. 接线符合图纸要求 2. 配线实现电路要求功能	45	1. 未按图接线,每出现一处扣 10 分 2. 二次回路接线错误,扣 15 分 3. 主回路接线错误,扣 20 分 4. 通电检验短路,本项不得分

序号	考核内容	评分要素	配分	评分标准
4	安全生产	穿工服、绝缘鞋,遵守安全操作规程		1. 不穿工服,从总分中扣 2 分 2. 不穿绝缘鞋,从总分中扣 2 分 3. 其他违反安全操作规程,每次从总分中扣 2 分 4. 损坏仪器仪表,从总分中扣 5 分 5. 掉落物品,每次从总分中扣 3 分

任务 2　电动机典型控制电路的安装与调试

 任务来源

各种生产机械常常要求具有上下、左右、前后等相反方向的运动,这就要求电动机能够正、反向运转。由于电动机启动时电流过大,会影响电网供电质量,因而常采用降压启动的方法保证电网供电安全。

 学习目标

(1)掌握较复杂的电力拖动电路的安装。
(2)掌握电动机典型控制电路的安装与调试。

 知识链接

一、电动机正、反转控制

各种生产机械常常要求具有上下、左右、前后等相反方向的运动,这就要求电动机能够正、反向运转。对于三相交流电动机,将三相交流电的任意两相对换即可改变定子绕组相序,实现电动机反转。图 1-29 是三相笼型异步电动机正、反转控制线路,图中 KM1、KM2 分别为正、反转接触器,其主触点接线的相序不同,KM1 按 U—V—W 相序接线,KM2 按 V—U—W 相序接线,即将 U、V 两相对调,所以两个接触器分别工作时电动机的旋转方向不一样,实现电动机的可逆运转。

图 1-29 所示控制线路虽然可以完成电动机正、反转的控制任务,但这个线路有重大缺陷:按下正转按钮 SB2 后,KM1 通电并且自锁,接通正序电源,电动机正转;若发生错误操作,在电动机正转时按下反转按钮 SB3,KM2 通电并自锁,此时在主电路中将发生 U、V 两相电源短路事故。

为了避免上述事故的发生,就要求保证两个接触器不能同时工作,必须相互制约,这种在同一时间里两个接触器只允许一个工作的制约控制作用称为互锁或联锁。图 1-30 为带互锁保护的正、反转控制线路,两个接触器的动断辅助触点串入对方线圈,这样当按下正转启动按钮 SB2 时,正转接触器 KM1 线圈通电,主触点闭合,电动机正转。与此同时,由于 KM1 的动断辅助触点断开而切断了反转接触器 KM2 的线圈电路,此时再按反转启动按钮 SB3,也不会使反转接触器的线圈通电工作。同理,在反转接触器 KM2 动作后,也保证了正转接触器 KM1 的线圈电路不能再工作。

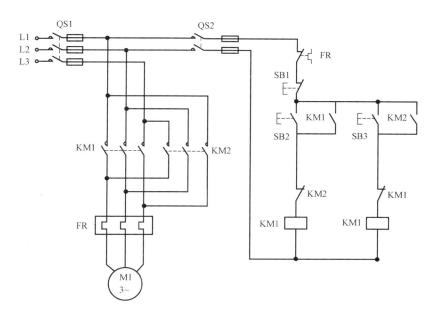

图 1 - 29　三相笼型异步电动机正、反转控制线路图

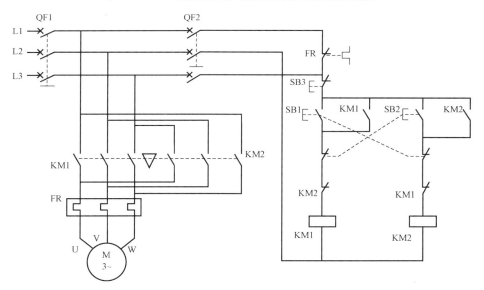

图 1 - 30　双重联锁电动机正、反转控制线路图

这种由接触器动断辅助触点构成的互锁线路称为电气互锁。

二、电动机丫-△降压启动

电动机丫-△降压启动是指把正常工作时电动机三相定子绕组作"△"连接的电动机,启动时换接成"丫"连接,待电动机启动后,再将电动机三相定子绕组按"△"连接,使电动机在额定电压下工作。采用丫-△降压启动,可以减小启动电流,其启动电流仅为直接启动时的1/3,启动转矩也为直接启动时的1/3。大多数功率较大"△"接法的三相异步电动机降压启动都采用这种方法。丫-△降压启动控制电路一般分为3种,第一种是利用丫-△降压转换器手动实现;第二种是利用按钮、接触器控制的丫－△降压启动电路;第三种是利用时间继电器来控制的丫－△降压启动电路。目的只有一个,就是先把主接触器与丫接触器先启动,主接触器在电路工作过程中一直保持动作,过一定时间后,把丫接触器停止,再把△接触器投入运行,直到工作结束。电动机丫－△降压启动控制电路元件布置见图1－31,电动机丫－△降压启动控制电路原理见图1－32。

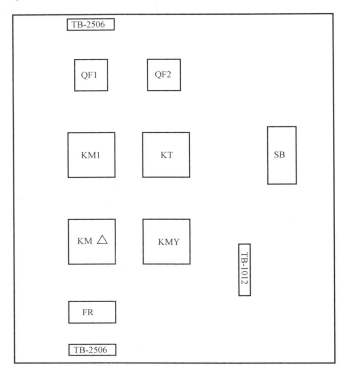

图1－31 电动机丫－△降压启动控制电路元件布置图

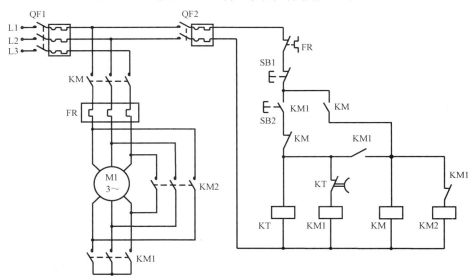

图1－32 电动机丫－△降压启动控制电路原理图

任务实施

任务描述：

（1）选择合适的低压电器并进行测量。

（2）识读电动机丫－△降压启动控制电路原理图（图1－32），并完成电路的安装与调试。

一、准备工作

（1）准备操作工具。

（2）准备好要安装的电气元件并检测。

二、安装电气元件

（1）绘制读懂自动往返控制电路图,给线路元件编号,明确线路所用元件及作用。

（2）配置所用电器元件并检验型号及性能。

（3）绘制接线图。

（4）在控制板上布置安装电器元件,并标注上醒目的文字符号。

（5）根据电路图检查控制板布线的正确性。

（6）安装电动机。

三、连接导线

（1）连接电动机和按钮金属外壳的保护接地线。

（2）先连接控制电路部分,后连接主电路部分。

（3）连接电源、电动机等控制板外部的导线。

四、自检

（1）主电路接线检查。按电路图或接线图从电源端开始,逐段核对接线有无漏接、错接之处,检查导线接点是否符合要求,压接是否牢固,以免带负载运行时产生闪弧现象。检查主电路时,可以手动来代替受电线圈励磁吸合时的情况进行检查。

（2）控制电路接线检查。用万用表电阻挡检查控制电路接线情况。

（3）检查无误后通电试车。为保证人身安全,在通电试车时,要认真执行安全操作规程的有关规定,经指导教师检查并现场监护。

五、通电试车

（1）接通三相电源 L1、L2、L3,合上电源开关 QS,用电笔检查熔断器出线端,氖管亮说明电源接通。

（2）分别按下 SB2→SB3 和 SB1→SB3,观察是否符合线路功能要求,观察电器元件动作是否灵活,有无卡阻及噪声过大现象,观察电动机运行是否正常。若有异常,立即停车检查。

（3）注意事项。

① 不触摸带电部件,遵守安全操作规程。

② 上述内容不明之处,参考任务3的任务实施具体要求。

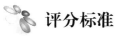 评分标准

序号	考核内容	评分要素	配分	评分标准
1	元件检查	检查元件完好	5	1. 元件接点、线圈、螺钉少检查一处扣0.5分 2. 万用表使用错误,每次扣1分
2	布线接线	1. 布线均匀、整齐、少交叉 2. 布线转角规范,成90° 3. 截线合理,接线牢固 4. 接线头露铜符合规定要求 5. 接线不损伤元件	50	1. 接点露铜大于1mm,每处扣0.5分 2. 接点松动、虚接,每处扣0.5分 3. 布线多交叉一处,每处扣0.5分 4. 布线弯角不成90°或硬弯,每处扣5分 5. 布线不平直、超长,每根扣0.5分 6. 损坏元器件本体,每件(不包括接线挂)扣5分 7. 选线不合理,扣5分
3	通电试验	1. 接线符合图纸要求 2. 配线实现电路要求功能	45	1. 未按图接线,每处扣10分 2. 控制回路接线错误,扣15分 3. 主回路接线错误,扣20分 4. 没有互锁,扣10分 5. 通电检验短路,本项不得分
4	安全生产	穿工服、绝缘鞋,遵守安全操作规程		1. 不穿工服,从总分中扣2分 2. 不穿绝缘鞋,从总分中扣2分 3. 其他违反安全操作规程,每次从总分中扣2分 4. 损坏仪器仪表,从总分中扣5分 5. 掉落物品,每次从总分中扣3分

模块二　PLC 控制基础

可编程逻辑控制器(Programmable Logic Controller,PLC)是现代电气控制的核心器件,通过 PLC 可实现模块一电气控制的所有功能。在掌握电气控制的基础之后,通过对 PLC 软件和硬件的认识,学习 PLC 基本指令的灵活应用,达到能用 PLC 完成最基本的电气控制,通过实践达到对最基本应用的融会贯通。

项目一　对 PLC 的认识

PLC 是一种数字运算操作的电子系统,专为在工业环境下应用而设计。它采用了可编程序的存储器,用来在其内部存储执行逻辑运算、顺序控制、定时、计数和算术操作等面向用户的指令,并通过数字式或模拟式的输入、输出控制各种类型的机械或生产过程。PLC 及其有关外围设备,都按易于工业系统联成一个整体,易于扩充其功能的原则设计。本教材中,以常用的欧姆龙公司的 C 系列为主,适当介绍三菱 FX 系列,以达到一通百通的效果。

任务 1　PLC 的基本原理、使用及接线

 任务来源

随着企业技术的进步,自动化水平已大大提高,PLC 在企业中的应用已十分普遍,因而,对 PLC 的学习与使用,是电气类岗位人员的必需能力。

 学习目标

(1)了解 PLC 的结构及工作原理。
(2)掌握内部存储器的使用方法。
(3)掌握 PLC 的外部接线。

 知识链接

以下以欧姆龙公司的 C 系列 PLC 为例加以介绍。

一、PLC 的结构

PLC 实质是一种专用于工业控制的计算机,其硬件结构基本上与微型计算机相同,主要由电源、中央处理器(CPU)、存储器、输入/输出接口电路、功能扩展模块和工业通信模块组成。

(一)电源

PLC 的电源在整个系统中起着十分重要的作用,给 PLC 系统提供一个性能稳定、可靠的

电源系统。一般交流电压波动在 10% ~15% 范围内,可以不采取其他措施而将 PLC 直接连接到交流电网。

(二)CPU

CPU 是 PLC 的控制中枢。它按照 PLC 系统程序赋予的功能接收并存储从编程器键入的用户程序和数据;检查电源、存储器、I/O 以及警戒定时器的状态,并能诊断用户程序中的语法错误。

(三)存储器

存储器用来存储用户和系统数据。存放系统数据的存储器称为系统程序存储器,存放用户程序的存储器称为用户程序存储器。

(四)输入/输出接口电路

输入/输出接口电路是 CPU 与外部设备之间交换信息的连接电路,简称 I/O 接口,是 PLC 内部与外部联系的通道。输入接口电路由光耦合电路构成,作用是 PLC 与现场控制的接口界面的输入通道。输出接口电路由输出数据寄存器、输出电路构成,PLC 通过输出接口电路可向现场的执行部件输出相应的控制信号。

(五)功能扩展模块

现代电气控制技术要求不仅仅是逻辑控制,还常常需要定位、温度控制等功能,把这些典型的控制功能制作成模块,更方便 PLC 的使用。

(六)工业通信模块

工业通信模块是指在工业自动化控制领域中,专为电气设备传递不同信号的连接器,包含转换 RS – 232、RS – 422/485 信号等通信网络,以使系统架构中的驱动、控制与致动组件的串行信息兼容。

二、存储器

为实现有效、正确的控制,需要大量存储器存储各种类型的数据,这些数据都存放在 CPU 内的存储区,为了管理上的方便,按功能及用途将存储器区域分类,通过用户程序可以存取数据的区域称为数据区域,在 PLC 中,程序和数据可以放在只读存储器(ROM)中。

(一)PLC 存储器的基本概念

1. 字、位与"软"继电器

存储器的常用单位有位、字等,一位二进制数称为一个位,一个字由 16 个位组成。一位存储器有"0"或"1"两种状态,继电器也只有线圈"通电"或"断电"两种状态,因此可以将一位存储器看作是一个"软"继电器,如果该位状态是"0",则认为该软继电器线圈"通电",动合触点断开;若位状态是"1",则认为其线圈"通电",动合触点闭合。这样 PLC 的存储器就可以看成是由很多"继电器"组成的。

2. 输入与输出继电器

在输入映像区中的"继电器"与输入端子(回路)一一对应,被称为输入继电器,当输入回路通电时,该输入继电器为"1",其对应的动合触点"闭合";若输入回路无电,则输入继电器为"0",其对应动合触点"断开"。

在输出映像区的"继电器"与输出回路一一对应,被称为输出继电器,当该输出继电器为"1",则相当于对应的动合触点闭合;若为"0"则相当于对应动合触点断开。存储器中没有固定用途的位,在用户程序中可以用它们去控制其他位,一般又称这些位为中间继电器或工作位。

3. 标志位

标志位是可以被 PLC 程序自动置"0"或"1"的位,用来反映特别的操作状态,用户程序可以根据需要使用这些标志位。由于大多数标志位是 PLC 系统程序设置的,因此用户只能读而不能由用户程序直接控制。

(二) 存储器

存储器的基本度量单位是字,每个字由 16 位组成,从右到左,编号的顺序依次为 00 ~ 15。位序号为 00 的位称为最右位,而位序号为 15 的位称为最左位。术语中最高位常指最左位,而最低位常指最右位。

用户在程序中使用存储器时,若是按位使用,一般应给出存储器区域的简称 + 字地址 + 位号;若是按字使用,则只要存储器区域的简称和字地址。

PLC 中的存储器可分为:通道(I/O)区域、内部辅助继电器(W)区域、特殊辅助继电器(AR)区域、数据存储器(DM)区域、保持继电器(HR)区域、定时器/计数器(TC)区域。

1. 通道 I/O 区域

通道 I/O(CIO)区域,既可以用作控制 I/O 点的数据(输入继电器/输出继电器),也可以用作内部工作位(中间继电器),可以按位和字存取,CIO 区域的工作位在电源断开或 PLC 停止时被复位。由于不同 PLC 的 CIO 区域不同,因此,使用时必须参考 PLC 手册;通常来说,一个 PLC 至少有上千个内部继电器供使用,CP1H 通道区域 0 ~ 6143。

2. 特殊辅助继电器区域

特殊辅助继电器区域包括标志位和控制位,字地址为 AR000 ~ AR959。大多数 AR 区域的字和位都有特定的用途:用来监视 PLC 的运行,产生时钟脉冲以及显示错误信号,标志位一般状态为"OFF",只有在预定的条件出现时,才置为"ON"。具体情况可在编程软件的符号项目中查看,常用标志位、控制位英文名称及注释见表 2-1。

表 2-1 常用标志位、控制位英文名称及注释

名称	注释	名称	注释
P_First_Cycle	第一次循环标志	P_EQ	等于(EQ)标志
P_First_Cycle_Task	第一次任务执行标志	P_GE	大于或等于(GE)标志
P_Off	常断标志	P_GT	大于(GT)标志
P_On	常通标志	P_LE	小于或等于(LE)标志
P_Output_Off_Bit	输出关闭位	P_NE	不等于(NE)标志

3. 数据存储器区域

数据存储器(DM)区域和其他数据区一样,每字包含 16 位,但是 DM 区域的数据不能通过位定义用于位操作数的指令,掉电时 DM 区域的状态可以保留下来。数据存储器区域中有些区域可以通过程序编写,但是有些区域只能从外围设备改写,具体情况参考编程手册。

4. 保持继电器区域

保持继电器区域用于存储、操作各种数据并按字、位存取,根据不同 PLC 型号,字地址为 HR000 ～ HR511,HR 位可以按任何次序与普通位一样用于程序。

当系统操作方式改变、电源中断或 PLC 操作停止时,HR 区域保持状态不变。HR 区域的位和字可用于 PLC 中止操作时保留数据,HR 位还有各种特殊用途,如用 KEEP 指令产生一个锁存继电器及形成自保持输出。

5. 定时器/计数器区域

定时器/计数器区域用来生成定时器和计数器,并保存定时器/计数器结束标志、设定值 (SV)和当前值(PV),通过 TC 号(C200 系列:TC000 ～ TC511)可存取这些数值。下列指令: TIM、TIMH、CNT、CNTR(12)和 TTIM(87),每一个 TC 号可以定义一个定时器或计数器。

在 C200 系列 PLC 中,一旦用其中的一条指令定义好 TC 号,该号码就不能再在程序的其他地方使用,否则在程序监测时会出错,TC 号可以按任何次序定义。TC 号被定义好后,就可以作为操作数用于其他指令,但是作为定时器使用时要加前缀"T",作为计数器使用时要加前缀"C"。

在 CP1H 中,定时器与计数器区域是分开的,定时器区域为 T0000 ～ T4095,计数器区域为 C0000 ～ C4095。

6. 内部辅助继电器区域

CP1H 的内部辅助继电器包括以下 2 种:1200 ～ 1499CH、W000 ～ W511,不能用作和外部 I/O 端的 I/O 交换输出,其中 W000 ～ W511 作为内部辅助继电器,推荐优先使用。

三、输入/输出单元

输入/输出单元通常也称 I/O 单元或 I/O 模块,是 PLC 与工业生产现场之间的连接部件, PLC 通过输出接口将处理结果送给被控制对象,以实现控制目的。由于外部输入和输出设备所需的信号电平多种多样,而 PLC 内部 CPU 处理的信息是标准电平,所以 I/O 接口要进行转换;I/O 接口一般都具有光电隔离和滤波功能,以提高 PLC 的抗干扰能力;另外,I/O 接口上有状态指示,可直观观察到工作状况。

PLC 提供了多种操作电平和驱动能力的 I/O 接口供用户选用。I/O 接口的主要类型有: 数字量(开关量)输入、数字量(开关量)输出、模拟量输入、模拟量输出等。常用的开关量 I/O 接口按其使用的电源不同有三种类型:直流输入/输出接口、交流输入/输出接口和交/直流输入/输出接口,其基本原理电路如图 2 - 1 和图 2 - 2 所示。

PLC 的 I/O 接口所能接受的输入信号个数和输出信号个数称为 PLC 输入/输出(I/O)点数。I/O 点数是选择 PLC 的重要依据。当系统的 I/O 点数不够时,可通过 PLC 的 I/O 扩展接口对系统进行扩展。

四、PLC 外部的连接

(1)CP1H 小型 PLC 实物,见图 2 - 3。

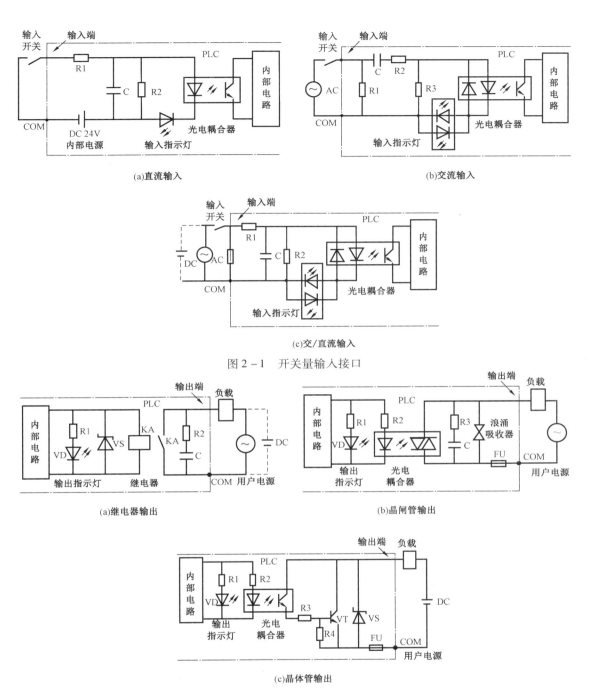

(a)直流输入

(b)交流输入

(c)交/直流输入

图 2-1 开关量输入接口

(a)继电器输出

(b)晶闸管输出

(c)晶体管输出

图 2-2 开关量输出接口

（2）CP1H 接线见图 2-4、图 2-5。

五、三菱 FX 系列 PLC

三菱 FX 系列 PLC 编程元件的编号由字母和数字组成,与欧姆龙 C 系列相似,其中输入继电器和输出继电器用八进制数字编号,其他均采用十进制数字编号,内部 PLC 工作原理也相同,只是表达方法不一样,内部软继电器及编号情况见表 2-2。

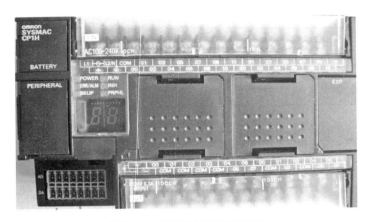

图 2-3 CP1H 小型 PLC 实物

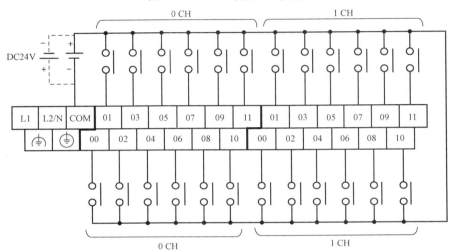

图 2-4 输入端子接线图

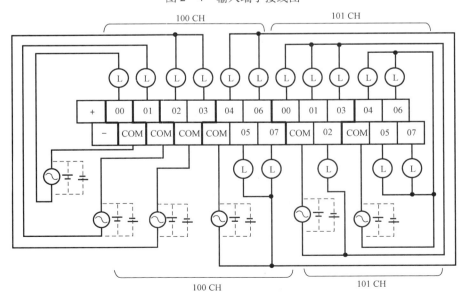

图 2-5 输出端子接线图

表 2 - 2　三菱 FX 系列 PLC 的内部软继电器及编号

编程元件种类 \ PLC 型号		FX0S	FX1S	FX0N	FX1N	FX2N（FX2NC）
输入继电器 X（按八进制编号）		X0 ~ X17（不可扩展）	X0 ~ X17（不可扩展）	X0 ~ X42（可扩展）	X0 ~ X42（可扩展）	X0 ~ X77（可扩展）
输出继电器 Y（按八进制编号）		Y0 ~ Y15（不可扩展）	Y0 ~ Y15（不可扩展）	Y0 ~ Y27（可扩展）	Y0 ~ Y27（可扩展）	Y0 ~ Y77（可扩展）
辅助继电器 M	普通用	M0 ~ M495	M0 ~ M282	M0 ~ M282	M0 ~ M282	M0 ~ M499
	保持用	M496 ~ M511	M284 ~ M511	M284 ~ M511	M284 ~ M1525	M500 ~ M2071
	特殊用	M8000 ~ M8255				
状态寄存器 S	初始状态用	S0 ~ S9	S0 ~ S9	S0 ~ S9	S0 ~ S9	S0 ~ S9
	返回原点用	—	—	—	—	S10 ~ S19
	普通用	S10 ~ S62	S10 ~ S127	S10 ~ S127	S10 ~ S999	S20 ~ S499
	保持用		S0 ~ S127	S0 ~ S127	S0 ~ S999	S500 ~ S899
	信号报警用					S900 ~ S999
定时器 T	100ms	T0 ~ T49	T0 ~ T62	T0 ~ T62	T0 ~ T199	T0 ~ T199
	10ms	T24 ~ T49	T22 ~ T62	T22 ~ T62	T200 ~ T245	T200 ~ T245
	1ms			T62	—	—
	1ms 累积		T62		T246 ~ T249	T246 ~ T249
	100ms 累积				T250 ~ T255	T250 ~ T255
计数器 C	16 位增计数（普通）	C0 ~ C12	C0 ~ C15	C0 ~ C15	C0 ~ C15	C0 ~ C99
	16 位增计数（保持）	C14、C15	C16 ~ C21	C16 ~ C21	C16 ~ C199	C100 ~ C199
	22 位可逆计数（普通）	—	—	—	C200 ~ C219	C200 ~ C219
	22 位可逆计数（保持）	—	—	—	C220 ~ C224	C220 ~ C224
	高速计数器	C225 ~ C255				
数据寄存器 D	16 位普通用	D0 ~ D29	D0 ~ D127	D0 ~ D127	D0 ~ D127	D0 ~ D199
	16 位保持用	D20、D21	D128 ~ D255	D128 ~ D255	D128 ~ D7999	D200 ~ D7999
	16 位特殊用	D8000 ~ D8069	D8000 ~ D8255	D8000 ~ D8255	D8000 ~ D8255	D8000 ~ D8195
	16 位变址用	V / Z	V0 ~ V7 / Z0 ~ Z7	V / Z	V0 ~ V7 / Z0 ~ Z7	V0 ~ V7 / Z0 ~ Z7
指针 N、P、I	嵌套用	N0 ~ N7	N0 ~ N7	N0 ~ N7	N0 ~ N7	N0 ~ N7
	跳转用	P0 ~ P62	P0 ~ P62	P0 ~ P62	P0 ~ P127	P0 ~ P127
	输入中断用	I00* ~ I20*	I00* ~ I50*	I00* ~ I20*	I00* ~ I50*	I00* ~ I50*
	定时器中断	—	—	—	—	I6** ~ I8**
	计数器中断					I010 ~ I060
常数 K、H	16 位	K：- 22768 ~ 22767		H：0000 ~ FFFFH		
	22 位	K：- 2147482648 ~ 2147482647		H：00000000 ~ FFFFFFFF		

注：(1) V：变址寄存器，在 16 位数据时，单独使用，可在程序中改变软元件编号或数值内容。在 16 位数据处理时，与 Z 寄存器配合，作为高 16 位。

(2) Z：变址寄存器，在 16 位数据时，单独使用，可在程序中改变软元件编号或数值内容。在 16 位数据处理时，与 V 寄存器配合，作为低 16 位。

(3) N：嵌套次数。

(4) P：表示跳转号。

(5) *：表示可为数值 0 或 1；当 * 为 0 时表示下降沿中断，当 * 为 1 时表示上升沿中断。

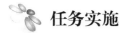 **任务实施**

任务描述:

(1)按要求填写状态位与控制位表。

(2)根据 PLC 接线图,完成 PLC 输入、输出端子布线。

一、填写 PLC 状态位与控制位表

根据实训室 PLC 型号填写表 2－3,至少写出 20 个常用 PLC 状态位与控制位。

表 2－3 PLC 状态位与控制位表

PLC 型号_____				
序号	存储器区域	字	位	注释
1				
2				
3				
4				
……	……	……	……	……

二、PLC 线路接线

PLC 接线图识读,见图 2－6。

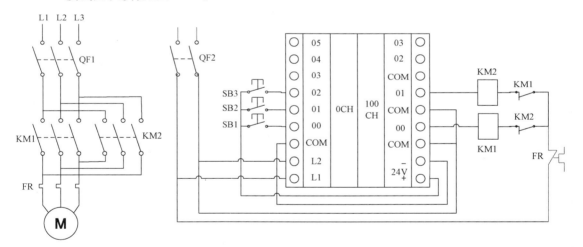

图 2－6 PLC 接线图识读

绘制元件布置图,见图 2－7。

三、按图安装电路

1. 准备工具及仪表

(1)"十"字螺丝刀中号、小号各 1 把。

(2)"一"字螺丝刀中号、小号各 1 把。

(3)万用表 1 个。

2. 安装电气元件

（1）检查工具及仪表。

（2）列出元件清单。

（3）检查所有元件是否合格。

（4）元件之间留下布线距离。

（5）按平面布置图安装元件。注意元件的方向。

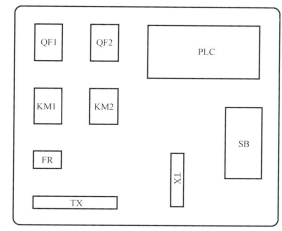

图 2-7 PLC 绘制元件布置图

3. 连接导线

一般来说，主电路和控制电路分别进行连接。布线时应符合平直整齐、紧贴敷设面，走线合理及节点不得轻动、露铜不得过长等要求。其原则如下：

（1）走线通道应尽可能少，单层平行密排，紧贴敷设面。

（2）同一平面的导线应高低一致或前后一致，不能交叉。如必须交叉，该导线在接线端子引出时水平架空跨越，但必须走线合理。

（3）布线应横平竖直，变换走向应垂直。

（4）每个电气元件接线端子上的连接导线不得超过两根。

（5）布线和剥线时严禁划伤线芯和导线绝缘。

（6）螺钉上打圈接线时导线不得反圈。

4. 自检

（1）检查万用表的电阻挡是否完好，表内电池能量是否充足。

（2）检查控制回路时，可用万用表表棒分别搭在 QF2 的出线端，此时读数应为"∞"，按下启动按钮时，读数应为某条支路上的单个或几个接触器线圈的并联直流电阻阻值；在较繁电路中，应能找出其他回路，并用万用表的电阻挡进行检查。

（3）检查主电路时，可以对用手下压接触器的接点来代替接触器吸合时的情况进行检查。

评分标准

序号	考核内容	评分要素	配分	评分标准
1	元件检查	检查元件完好	20	1. 元件接点、线圈、螺钉少检查一处扣 0.5 分 2. 万用表使用错误，每次扣 3 分
2	元件安装	元件安装正确，位置合理、牢固	30	1. 元件方向不正确，每处扣 2 分 2. 元件固定松紧不适度，损坏元件，每处扣 5 分
3	布线接线	1. 布线均匀、整齐、少交叉 2. 布线转角规范，成 90° 3. 截线合理，接线牢固 4. 接线头露铜符合规定要求 5. 接线不损伤元件	50	1. 接点露铜大于 1mm，每处扣 0.5 分 2. 接点松动、虚接，每处扣 0.5 分 3. 布线多交叉一处，每处扣 0.5 分 4. 布线弯角不成 90°或硬弯，每处扣 5 分 5. 布线不平直、超长，每根扣 0.5 分 6. 损坏元件本体，每件（不包括接线拄）扣 5 分 7. 选线不合理扣 5 分

47

序号	考核内容	评分要素	配分	评分标准
4	安全生产	穿工服、绝缘鞋及遵守安全操作规程		1. 不穿工服,从总分中扣2分 2. 不穿绝缘鞋,从总分中扣2分 3. 违反安全操作规程,每次从总分中扣2分 4. 损坏仪器仪表,从总分中扣5分 5. 掉落物品,每次从总分中扣3分

任务 2　PLC 编程软件的操作

任务来源

PLC 程序设计的首要任务是编程软件的使用,现代 PLC 程序的设计基本都是用专用编程软件来实现。

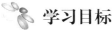 学习目标

(1)掌握编程软件的安装。

(2)掌握编程软件的基本操作。

(3)学会编程软件的仿真操作。

知识链接

一、欧姆龙 PLC 编程软件 CX – Programmer

每一个 PLC 生产厂家现都开发有 PLC 编程软件,使用编程软件,通过计算机与 PLC 间的通信连接线,可实现 PLC 梯形图的直接写入。CX – Programmer 软件是一个用于对欧姆龙 CS1 系列 PLC、CV 系列 PLC 以及 C 系列 PLC 建立、测试和维护程序的工具。它是一个支持 PLC 设备和地址信息、欧姆龙 PLC 和这些 PLC 支持的网络设备进行通信的方便工具。

编程软件以 CX – Programmer 6.1 版本为例做介绍,在实验前,应将实验台 PLC 外部硬件设备安装、连接完成,将该软件根据安装提示安装到计算机上,然后用编程线将计算机和实验用 PLC 装置、外部设备等连接到一起。

二、三菱 PLC 编程软件 GX Developer

(一)软件界面

打开"开始"——"程序"——"MELSOFT 应用程序"——"GX Developer",找到并打开 GX Developer 软件,见图 2 – 8。

(二)设置通信口参数

在 GX Developer 中将程序编辑完成后和 PLC 通信前,应设置通信口参数,通常默认端口 COM1(图 2 – 9)。如果只是编辑程序,不和 PLC 通信,可以跳过此步。

图 2 - 8　三菱编程软件 GX Developer 界面

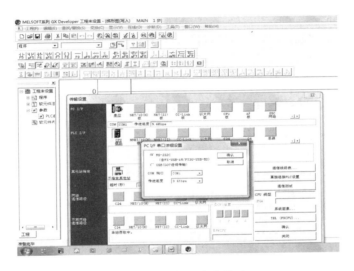

图 2 - 9　通信口参数设置

(三) GX Developer 与 PLC 之间的程序传送

在 GX Developer 中把程序编辑好之后,要把程序上传到 PLC 中去。程序只有在 PLC 中才能运行;也可以把 PLC 中的程序上传到 GX Developer 中,在 GX Developer 和 PLC 之间进行程序传送之前,应该先用电缆连接好 PC - GX Developer 和 PLC。

GX Developer 中,用指令表编辑的程序可直接传送,用梯形图编辑的则要求转换成指令表才能传送,因为 PLC 只识别指令,因而传送前要先点击"编译"按钮,才能把程序传送到 PLC 中。

(1)点击菜单"在线"的二级子菜单"PLC 写入"。

弹出对话框,有二个选择"所有范围""范围设置",选择"所有范围",即状态栏中显示的"程序步"(FX1N - 8000、FX0N - 2000)会全部写入 PLC,用时较长(此功能可以用来刷新 PLC 的内存),见图 2 - 10。

图 2-10 PLC 程序写入

（2）范围设置。

先确定"程序步"的"起始步"和"终止步"的步长，然后把确定的步长指令写入 PLC，用时相对较短。在"状态栏"会出现"程序步"（或"已用步"）写入（或插入）FX1N 等字符。选择完"确认"，如果 PLC 处于"RUN"状态，通信不能进行，屏幕会出现"PLC 正在运行，无法写入"的文字说明提示，这时应先将 PLC 的"RUN、STOP"开关拨到"STOP"，然后才能进行通信。进入 PLC 程序写入过程，这时屏幕会出现闪烁着的"写入 Please wait a moment"等提示符。

若"通信错误"提示符出现，可能有两个问题需要检查。一是查看"PLC 类型"是否正确；二是查看 PLC 的"端口设置"是否正确，即 COM1 口；排除这二个问题后，重新"写入"直到"核对"完成表示程序已输送到 PLC 中。若要把 PLC 中的程序读回 GX Developer，首先要设置好通信端口，点击"在线"子菜单"PLC 读取"。

注意：GX Developer 和 PLC 之间的程序传送，有可能原程序会被当前程序覆盖，假如不想覆盖原有程序，应注意文件名的设置不重复。

 任务实施

任务描述：

（1）完成欧姆龙编程软件的安装。

（2）完成 CX – Programmer 软件的基本设置。

（3）完成 CX – Programmer 软件的基本梯形图编写。

一、CX – Programmer 软件安装

找到"CXP6.1"文件夹，打开文件夹"CXP6.1"出现 CX_PRG_610 和 CX-SIMULATE 文件夹，其中，CX_PRG_610 中有编程软件安装文件，CX-SIMULATE 中有程序仿真软件安装文件。

（1）打开 CX_PRG_610 再打开 CX – Programmer 文件夹，找到安装文件 setup.exe，双击 setup.exe，开始安装编程软件，出现安装对话框，点击"确定"。

（2）软件开始安装，出现如图 2-11 所示对话框，一直点击"下一步"按钮，直到安装完成。

二、CX – P6.1 操作

（1）安装完成后，桌面出现 快捷图标，双击该快捷图标，启动软件。

（2）点击"帮助"菜单，点击 关于 CX-Programmer(A)，出现"关于 CX – Programmer"对话框，点击 许可(L)... 按钮，输入许可号，然后点击"确定"，完成安装。关闭软件后再重新启动，可正常使用。

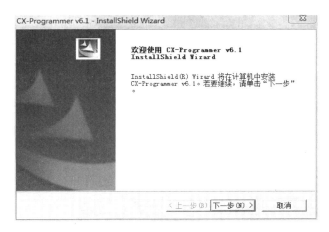

图 2 – 11　安装对话框

三、编写程序

(1)双击桌面图标  进入 CX – Programmer 编程软件。

(2)点击 文件(F) 选择 新建(N)... ,更改设备名称,设定 CX – Programmer 软件中的设备类型,见图 2 – 12。

图 2 – 12　设备类型设置

(3)点击 设定(e)... ,选择 驱动器 ,选定或更改通信端口名称,选择适当的波特率值,一般该界面数值选用系统的默认值,只有当通信端口 COM1 发生烧损等故障时才进行更改。注意选定一个 COM 口后,在计算机内部一定要有相应的硬件通信设备与之对应,如计算机原串行通信端口损坏可更换通信端口或是使用计算机扩展槽扩展的串行通信端口,见图 2 – 13。

(4)编辑梯形图。注意在程序输入过程中,程序中应用的输入信号要与 PLC 的外部硬件连接一一对应,否则即使写入程序正确,外部连接线也正确,但程序执行后却不是正确结果,因为外部输入信号没有被 PLC 的程序所执行,如程序要执行的输入是00001,而外接线却把输入信号送入了00000。

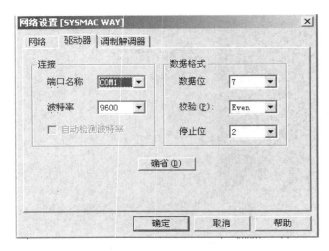

图 2 – 13　通信端口设置

（5）点击 ⚠，梯形图变为绿色，表明已经连上，点击 📥 即可将程序下载到 PLC（只需下载这一项），点击 ☑ 🔧 程序，使 PLC 处于运行的状态。

注意：只有"编程模式"" 🖥 "下才能进行下载，请注意切换 PLC 的工作模式。如果遇到 PLC 连不上的情况，请选择"自动在线"中的"选择串口"或双击左边窗口的" 🖥 新PLC1[CPM2*] "选择 COM 口。

四、训练程序

打开编程软件操作界面，写入一个 PLC 程序并下载到 PLC 中（只对程序写入进行单独训练），程序见图 2 – 14、图 2 – 15。无须进行相应的外接线及观察运行结果，本训练的目的在于熟悉 PLC 编程软件的使用。可按不同的实训小组给出若干实训题目。

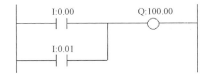

图 2 – 14　训练输入程序 1

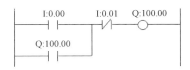

图 2 – 15　训练输入程序 2

程序训练操作步骤如下：

（1）硬件连接。

对于 C200Hα 机，应设置 CPU 部件上的 DIP 开关，建立 PLC 与上位机的 RS – 232 串行通信连接（图 2 – 16），接通电源。

（2）编程设置。

① 进入 CX – Programmer 编程软件。

② 文件\新建\设置型号（设定 PLC 的型号及其 CPU 的型号）。

③ 工具\选项\PLC（设定 PLC 的型号及其 CPU 的型号）。

（3）新建工程。

① 简单指令：在菜单栏上选择梯形图标即可。

② 查找指令：插入\指令\查找指令……

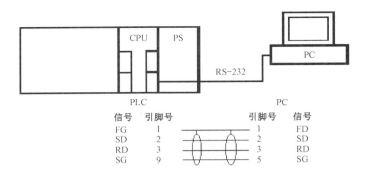

信号	引脚号			引脚号	信号

图 2－16　PLC 辅助编程接线示意图

③ 在线编辑:程序\在线编辑\开始……程序\在线编辑\发送修改。

（4）编译。

① 程序\编译。

② 点击"在线工作"按钮。

③ 快捷方式:"Ctrl＋W"。

（5）下载与运行。

将程序及有关数据下载（输入）到 PLC 并转入监视或运行模式。

① PLC\在线工作。

② PLC\传送\传送到 PLC……

③ PLC\操作模式\监视或运行。

④ PLC\监视\监视。

（6）存盘结束。

文件\另存为……

 评分标准

序号	考核内容	评分要素	配分	评分标准
1	软件安装	正确安装编程软件	20	1. 编程软件安装正确,不能使用扣 10 分 2. 驱动安装正确,没安装扣 5 分 3. 仿真软件安装正确,不正确扣 5 分
2	软件操作	正确操作软件	30	1. 不会新建新程序,扣 5 分 2. 不会编辑,扣 5 分 3. 不会选择 PLC 型号、CPU 与网络类型扣 10 分
3	编程操作	1. 正解输入程序 2. 正确编辑程序 3. 正确传送程序 4. 正确仿真程序	50	1. 按要求编写程序,每错一处扣 5 分 2. 不会快捷方式操作,每次扣 2 分 3. 不会正确上传程序,扣 5 分 4. 不会仿真程序,扣 5 分
4	安全生产	穿工服、绝缘鞋及遵守安全操作规程		1. 不穿工服,从总分中扣 2 分 2. 不穿绝缘鞋,从总分中扣 2 分 3. 其他违反安全操作规程,每次扣 2 分 4. 损坏仪器仪表,从总分中扣 5 分 5. 掉落物品,每次从总分中扣 3 分

项目二　典型电气控制 PLC 的设计与调试

电动机是现代工作机械设备的原动机,三相异步电动机是应用最广泛的电动机。三相异步电动机的前期控制主要是继电器控制,电动机继电器控制在发展中形成了继电器控制理论基础,逐步形成了一些电动机的典型电路,如异步电动机正转控制电路、正反转控制电路、丫 – △降压启动电路等,这些典型电路反映出三相异步电动机继电器控制的精髓。现代 PLC 控制推动了电动机继电器控制的发展,大大简化了继电器控制线路(以 PLC 控制接触器为典型代表),同时,在对旧设备继电器控制改造中也功不可没。

任务 1　三相异步电动机点动与连续运行的 PLC 控制

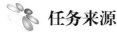 任务来源

点动控制是生产机械设备试车时采用的电路,而电动机最基本的运行控制是连续运行控制,这二种控制也是生产设备中应用最多的。

学习目标

(1)掌握 PLC 的工作原理。
(2)掌握 PLC 基本编程方法。
(3)学会用 PLC 控制三相异步电动机的简单运行。
(4)学会 PLC 控制电动机线路安装。
(5)学会 PLC 程序设计的方法与调试。

知识链接

一、PLC 的工作原理

(一)继电器控制系统与 PLC 控制系统的组成

1. 继电器控制系统的组成

继电器控制系统由输入设备、输出设备和控制电路组成,控制电路以接触器为核心。输入设备(输入部分)由按钮、位置开关及传感器等组成;输出设备(输出部分)由接触器、电磁阀、指示灯等执行元件组成;控制设备(控制部分)是由若干继电器及触点构成的具有一定逻辑功能的控制电路。由于控制电路是采用硬接线将各种继电器及触点按一定的要求连接而成,所以接线复杂、故障点多且不易灵活改变。

2. PLC 控制系统的组成

PLC 控制系统也是由输入、输出和控制三部分组成,PLC 控制系统的输入、输出部分和继电器控制系统的输入、输出部分基本相同,但控制部分采用"逻辑功能"的 PLC 程序,而不是实

际的"硬"继电器线路。因此,PLC控制系统可以方便地通过改变用户程序实现控制功能,从而解决了继电器控制系统控制电路在控制功能改变时需要重新改变线路等问题。

(二)PLC的等效电路

PLC的用户程序代替了继电器控制系统中的控制线路。因此,对于使用者来说,可以将PLC及用户的程序等效成"软继电器"和"软接线"的集成,即用户通过程序设计将"软继电器"按控制功能把电路连接起来的过程。如图2-17所示为三相异步电动机单向运行的电器控制系统。

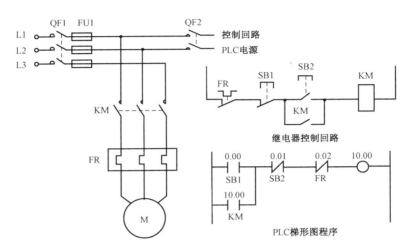

图2-17 三相异步电动机单向运行电器控制系统

如果用PLC来控制这台三相异步电动机,组成一个PLC控制系统,系统主电路不变,只要将输入设备SB1、SB2、FR的触点与PLC的输入端连接,输出设备KM线圈与PLC的输出端连接,即可构成PLC控制系统的输入、输出硬件线路,控制部分的功能则由PLC内部的程序来实现,其等效电路如图2-18所示。

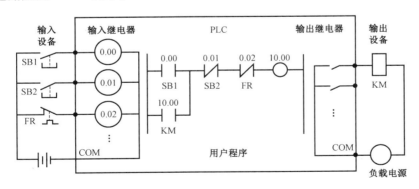

图2-18 PLC的等效电路

(三)PLC控制系统与继电器控制系统的区别

PLC控制系统与继电器控制系统的不同之处主要有以下几个方面:

(1)控制功能实现。

继电器控制系统控制逻辑采用硬件接线,其连线多且复杂、体积大、功耗大,系统构成后,想再改变或增加功能较为困难。另外,继电器的触点数量有限,其灵活性和可扩展性受到很大限制。PLC 以单片机技术为核心,依据程序设计完成控制功能,要改变或扩展系统功能,只需修改程序即可;系统连线少、体积小、功耗小,PLC 控制系统的灵活性和可扩展性好。

（2）工作方式。

继电器控制系统的工作方式为并行工作方式,而 PLC 的用户程序是按一定顺序循环执行,即串行工作方式。

（3）其他特点。

PLC 控制系统还有速度快、功能强大、精度高、可靠性高等优点,而继电器控制系统则不具备这些优点,还存在机械磨损、寿命短、连线多等缺点,可靠性较差。

（四）PLC 循环扫描的工作原理

可编程控制器是一种工业控制计算机,其工作原理是建立在计算机工作原理基础上的,即通过执行用户程序来实现控制功能。PLC 的工作过程就是控制程序的执行过程,PLC 投入运行后,便进入程序执行过程。PLC 在通电后,在系统程序的监控下,CPU 从第一条指令开始,按顺序逐条执行用户程序,直到程序结束指令,然后返回第一条指令开始新的一轮扫描执行,即 PLC 的工作方式是一个不断循环的顺序扫描的工作方式,每一次扫描所用的时间称为扫描周期或工作周期。在 PLC 执行程序时,如果一个扫描周期变量的条件未满足,程序将继续执行下去,直到某一个扫描周期中变量条件满足时,满足条件的运行结果就被执行。

PLC 的整个循环扫描工作过程分为自诊断、与编程器或计算机等通信、读入现场信号、执行用户程序、输出结果等五个阶段,如图 2 - 19 所示。

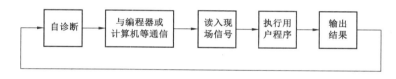

图 2 - 19　PLC 工作过程示意图

自诊断及与其他装置通信服务是 PLC 内部的事,用户只需要分析"输入采样""程序执行""输出刷新"三个阶段即可。

（1）输入采样阶段。

PLC 在输入采样阶段（即读入现场信号）,首先扫描所有输入端子的输入信号状态（"ON"或"OFF"、即"1"或"0"）,并将各输入状态存入内存中各对应的输入寄存器中,该过程称为对输入信号的采样。此时,输入寄存器被刷新。

（2）程序执行阶段。

在用户程序执行阶段,PLC 对梯形图程序按顺序进行扫描。PLC 按先左后右、先上后下的顺序逐句扫描。每扫描到涉及输入、输出状态的指令时,PLC 就从输入寄存器"读入"上一阶段采样的对应输入端子状态,从元件寄存器"读入"对应元件（"软继电器"）的当前状态,然后进行相应的运算,运算结果再存入相应的各元件寄存器中。对元件寄存器来说,每一个元件（"软继电器"）的状态会随着程序执行过程而变化。

（3）输出刷新阶段。

当程序执行完后,进入输出刷新阶段,即输出结果。在所有指令执行完毕后,将元件寄存器中所有输出继电器的状态转存到输出锁存电路,再驱动用户输出设备（负载）,这就是 PLC

的实际输出。

PLC 的扫描工作方式简单、直观,便于程序的设计,并为其可靠运行提供了保障。当 PLC 扫描到的指令被执行后,其结果马上就被后面将要扫描到的指令所利用,而且还可通过 CPU 内部设置的监视定时器来监视每次扫描是否超过规定时间,避免由于 CPU 内部故障使程序执行进入死循环。总之,采用循环扫描的工作方式,是 PLC 区别于微机和其他控制设备的最大特点,在学习时应充分注意。

在通信服务阶段,PLC 与其他智能装置实现通信,响应编程器键入的命令,更新编程器的显示内容等。当 PLC 处于停止(STOP)状态时,只完成内部处理和通信服务工作。当 PLC 处于运行(RUN)状态时,除完成内部处理和通信服务工作外,还要完成输入采样、程序执行、输出刷新工作。

二、PLC 编程基础

(一)编程语言

随着 PLC 技术与应用的发展,PLC 的语言也有了很大的发展。为适应这个形式,IEC(国际电工委员会)于 1989—1990 年制定的 IEC 1131 PLC 国际标准中,规定有五种 PLC 编程语言。这五种语言是:梯形图(Ladder Logic, LD)、指令表(Instruction List, IL)、结构化文本(Struture Text, ST)、功能块图(Function Block Diagram, FBD)和顺序功能图(Sequence Function Chart, SFC)。由于这些不是强制的标准,各公司的 PLC 不一定都支持这些语言。IEC 1131 标准经修订,现改名为 IEC 61131。OMRON 的 PLC 都支持其中的梯形图和指令表编程方式,还有部分 PLC 如 CS/CJ、CJ1M、CP1H 系列 PLC 还支持 ST 语言、SFC 语言和功能块(FB)。

1. 梯形图

梯形图语言源自继电器电气原理图,是一种基于梯级的图形符号布尔语言,电气人员上手很快。像电路图一样,通过连线把 PLC 指令的梯形图符号连接在一起,以表达所调用的 PLC 指令及其前后顺序关系。

梯形图的连线有两种:一种是母线,也称电源线,画在梯形图两边,用于梯形图指令的整体连接;另一种是内部的小横线和小竖线,用于梯形图指令间的局部连接。用梯形图语言编程时,在线调试、观察 PLC 的状态都非常生动、直观。OMRON 梯形图程序表达的指令顺序是从上到下、从左到右。梯形图语言优点较多,用户使用的也最多。

2. 指令表

指令表也称助记符,是基于字母符号的一种语言,类似计算机的汇编语言。

可使用手持编程器或上位编程软件 CX - Programmer 对 OMRON 的 PLC 使用助记符编程。实际上,助记符程序和梯形图程序是一一对应的关系,若使用上位编程软件 CX - Programmer,可由软件完成语言界面转换。

3. 结构化文本

结构化文本语言是基于文本的高级语言,它采用了一些描述语句,来描述系统中各种变量之间的关系和执行需要的操作。结构化文本语言与 BASIC 语言、PASCAL 语言或 C 语言等高级语言相似,但为了应用方便,在语句的表达方法及语句的种类等方面都进行了简化。

使用结构化文本语言时要注意,目前支持该语言的 PLC 有 CS1 - H、CJ1 - H、CJ1M、

CP1H、CP1L,且要结合 CX - Programmer V5.0 或以上版本的上位编程软件使用。若使用的是 CX - P V7.2 或以上版本软件,CS1 - H、CJ1 - H 及 CJ1M 系列 PLC 可直接在程序中使用结构化文本语言进行编程。

4. 功能块

功能块确切说是一种编程方式,而不是一种语言,其中 CS1 - H、CJ1 - H、CJ1M、CP1H、CP1L 系列 PLC 支持功能块编程。功能块是用图形化的方法,以功能块为单位描述控制功能,其表达简练、逻辑关系清晰,使控制方案的分析和理解变得容易。

5. 顺序功能图

顺序功能图是一种编程语言。将整个控制流程分割为一系列的控制步,用以清晰地表示程序执行顺序和控制条件。与梯形图相比,利用顺序功能图语言编写顺序控制系统程序具有以下优点:

(1)在程序中可以很直观地看到设备的动作顺序。

(2)在设备故障时能够很容易地查找出故障所处的工序,不用检查整个冗长的梯形图程序。

(3)不需要复杂的互锁电路,更容易设计和维护系统。

(二)编程的基本概念

(1)位(bit):是指二进制的一个位,仅"1、0"两个取值,可用它代表开关触点或继电器的触点及线圈。"1"代表开关触点接通或继电器线圈得电,"0"代表开关触点断开或继电器线圈失电。

(2)数字(digital):由 4 位二进制位构成,可表达成 BCD 码,也可表达成十六进制码。

(3)字节(byte):由 8 位二进制位构成,可表达成 BCD 码,也可表达成十六进制码,还可以与 ASCII 码对应。

(4)字(word):由两个字节构成,可表达成 BCD 码,也可表达成十六进制码,也可以和两个 ASCII 码对应。在 OMRON PLC 系统中,和输入、输出对应的字还称为通道(channel)。

(5)指令:是指 PLC 被告知要做什么,以及怎样去做的代码或符号。

从本质上讲,指令只是一些二进制代码,即机器码。它可把一些文字符号或图形符号编译成机器代码。常用的文字代码为助记符,有的 PLC 称之为语句表。

(6)指令格式。欧姆龙 PLC 是指 CP1L/1H、CJ1M、CJ1、CS1、CS1D 系列 PLC;欧姆龙 C 型机是指 CPM *、CQM *、C200H/C200Hα 系列 PLC。其功能指令由三部分构成,即助记符、功能码和操作数。助记符一般是指令功能的英文缩写,帮助记忆指令;欧姆龙新型 PLC 功能码和功能指令是一一对应的,而 C 型机系列 PLC 则有部分功能指令没有固定的功能码。

(7)母线。梯形图中,两侧类似电气控制图中电源线的竖线,称作母线。每个梯形图由多个逻辑行组成,每一逻辑行必须从左母线画起。在分析梯形图的逻辑关系时,为了借用继电器电路图的分析方法,可以想象左右母线之间有一个直流电源电压,母线之间有"流"从左向右流动。右母线可以不画出。

(8)触点的动合与动断。梯形图中的开关有两种:一种是动合触点"┤├",一种是动断触点"┤/├",既可以表示输入的启动按钮的状态,即 I/O 触点,又可以表示中间继电器、时间继电器的触点,每一个开关都有自己的特殊标记,用来区别时间继电器的触点或中间继电器的触点。动合与动断触点在 PLC 程序中只作为输入元件。

(9)继电器。继电器是由传统的继电器控制系统延续下来的,在 PLC 梯形图中仍延用继电器这一名称,如输入继电器、输出继电器、内部辅助继电器等,但是它们不是真实的物理继电器(没有元件、接线柱),而是一些存储单元。继电器线圈作为 PLC 程序中的输出元件。

(10)梯形图中每一程序行的书写规则。梯形图每一行都是从左母线开始,线圈接在右边。触点不能放在线圈的右边,在传统继电器控制原理图中,热继电器的辅助触点可以加在线圈的右边或左边,只要其串接在电路中即可,而 PLC 的梯形图是不允许的。

(11)软继电器的触点可多次重复使用。由于 PLC 中继电器的状态是用电脑存储器的"位"来保存的,允许读取任意次,因此同一标记的开关可以反复使用,而不受连接导线的多少限制,这是传统继电器控制无法实现的,是 PLC 具有的一大优点。

(12)梯形图中的开关(或触点)可以任意串、并联,输出线圈可以并联输出,但不可以串联。一般情况下,在梯形图中同一输出线圈只能出现一次。同一编号的线圈在一个程序中使用两次即称为双线圈输出。双线圈输出容易引起误操作,应尽量避免线圈重复使用。有些 PLC 将其视为语法错误,绝对不允许;有些 PLC 则将前面的输出视为无效,只有最后一次输出有效。

(三)几个简单的指令

1. 欧姆龙系列产品的指令格式

欧姆龙系列产品的指令格式如图 2 - 20 所示。

助记符表示指令的功能,用几个字母来代表,在运用手写编程器的助记符语言编程时应用;指令码是指令的代码,与助记符有相同的功能,在输入梯形图时常应用指令码;操作数提供指令执行的对象,具体指令中各操作数大不相同,大部分指令至少有一个或多个与它们相关的操作数,操作数表示或给出可以完成指令的数据。操作数有以下几个特点:

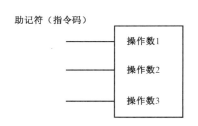

图 2 - 20　欧姆龙系列产品的指令格式

(1)操作数可以是通道号、继电器号或常数。有时以实际数字的形式输入,但是通常包含将使用数据的数据区的通道号(字或位的地址)。

(2)操作数的个数取决于各种指令的需要。

(3)操作数采用的进制取决于指令的需要。

(4)操作数设为常数时,在数据前面要加"#"号,不加"#"号的按通道号处理。

2. 欧姆龙系列 PLC 基本逻辑指令

欧姆龙系列 PLC 基本逻辑指令见表 2 - 4。

表 2 - 4　欧姆龙系列 PLC 基本逻辑指令表

指令	梯形图	注释	编程元件
取指令 LD	B	以动合触点 B 开始一行新程序	B:IR, SR, HR, AR, LR, TC, TR
取反指令 LDNOT	B	以动断触点 B 开始一行新程序	B:IR,SR,HR,AR,LR,TC

指令	梯形图	注释	编程元件
"与"指令 AND	B　　　B	将两动合触点串联	B:IR,SR,HR,AR,LR,TC
"或"指令 OR	B	将两动合触点并联	B:IR,SR,HR,AR,LR,TC
"与非"指令 AND NOT	B　　　B	串联动断触点	B:IR,SR,HR,AR,LR,TC
输出指令 OUT B	B	将运算结果输出	B:IR,HR,AR,LR,TR
输出"非"指令 OUT NOT B	B	将运算结果取反后输出	B:IR,HR,AR,LR
结束指令 END(01)	END(01)	程序结束	

表2-4中指令是PLC中最为基本的：

（1）取指令（LD，LDNOT）也叫初始加载指令，启动梯形图中任何逻辑块的第一条指令便是LD和LDNOT指令。加载的数据被存入输入继电器区域，该区域的继电器只有触点输入状态，无线圈形式，且触点状态可被无数次调用。

（2）"与"指令（AND）在执行条件和其本身操作码位的状态之间作逻辑与的运算；"或"指令（OR）在执行件和其本身操作码位的状态之间作逻辑或的运算；"与非"指令（AND NOT）在执行条件和其本身操作码位的状态非之间作逻辑与运算；"或非"指令（OR NOT）在执行条件和其本身操作码位的状非态之间作逻辑或运算。

（3）输出指令（OUT）用于一个线圈的内部输出或外部输出。输出继电器线圈或是内部辅助继电器线圈都有无数个辅助触点可调用。

3. 欧姆龙系列PLC常用基本指令

欧姆龙系列PLC常用基本指令见表2-5。

表2-5　欧姆龙系列PLC常用基本指令表

指令	梯形图	注释	编程元件
锁存指令 KEEP(11)	S KEEP(11) R　　　B	"S"为置位信号，使B为"1"； "R"为复位信号，使其为"0"； 复位优先； "B"为操作数	B:IR,AR,HR,LR
定时器指令 TIM 高速定时器指令 TIMH	TIM N SV	TIM的基本延时单位为0.1s，延时时间为SV（设定值）×0.1s； TIMH的基本延时单位为0.01s，延时时间为SV×0.01s	N:定时器编号； SV:（0000～9999）IR,HR,AR,LR,DM,#,＊DM

指令	梯形图	注释	编程元件
计数器指令 CNT	CP — CNT N / R — SV	"CP"为计数脉冲端;"R"为清0及复位端	N:定时器编号;SV(设定值):(0000~9999)IR,HR,AR,LR,DM,#(SV一般为立即数)
上微分指令 DIFU(13)	— DIFU(13) B	DIFU(13):在输入信号上升沿时,输出一个脉冲宽度为一个扫描周期的脉冲信号	B:IR,AR,HR,LR
下微分指令 DIFD(14)	— DIFU(14) B	DIFD(14):在输入信号的下降沿时,输出一个脉冲宽度为一个扫描周期的脉冲信号	B:IR,AR,HR,LR
置位 SET	— SET / B	SET指令的执行条件为ON时,使指定继电器置位为"ON",当执行条件为OFF时,SET指令不改变指定继电器的状态	B:IR,AR,HR,LR
复位 RSET	— RSET / B	当RSET指令的执行条件为ON时,使指定继电器置位为"OFF",当执行条件为OFF时,RSET指令不改变指定继电器的状态	B:IR,AR,HR,LR

(四)三菱 FX 系列 PLC 指令

1. FX2N 系列 PLC 的特殊元件

FX2N 系列 PLC 的特殊元件见表 2-6。

表 2-6　特殊元件表

PC 状态		时钟	
编号	名称	编号	名称
M8000	RUN 监控(动合接点)	M8011	10ms 时钟
M8001	RUN 监控(动断接点)	M8012	100ms 时钟
M8002	初始化脉冲(动合接点)	M8013	1s 时钟
M8003	初始化脉冲(动断接点)	M8014	1min 时钟
M8004	出错	M8018	时钟有效
M8005	电池电压下降		
M8006	电池电压降低锁存		
M8007	瞬停检测		
M8008	停电检测		
M8009	24VDC 关断		

2. FX2N 系列 PLC 常用输出指令

FX2N 系列 PLC 常用输出指令见表 2-7。

表 2-7　常用输出指令表

符号名称	功能	电路表示和目标文件
OUT	线圈驱动指令,驱动输出继电器、辅助继电器、定时器、计数器	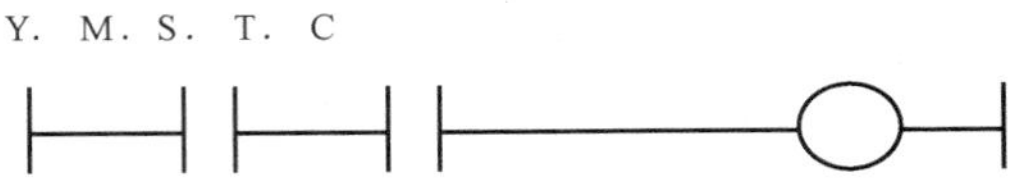 Y. M. S. T. C
RST	对定时器、计数器、数据寄存器、变址寄存器等继电器的内容清零	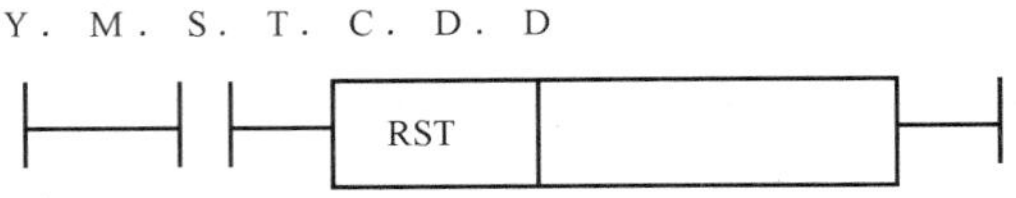 Y. M. S. T. C. D. D　RST
SET	对目标文件 Y. M. S 置位,使动作保持	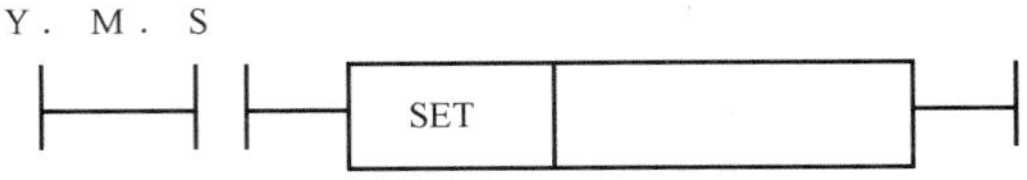 Y. M. S　SET
PLS	在输入信号上升沿产生脉冲输出	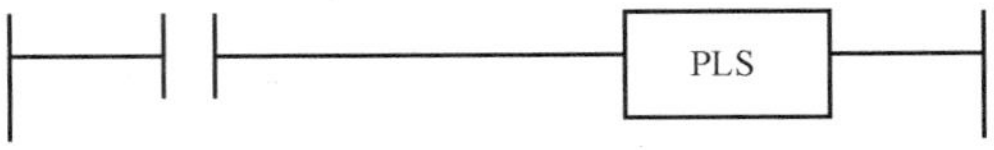 PLS
PLF	在输入信号下降沿产生脉冲输出	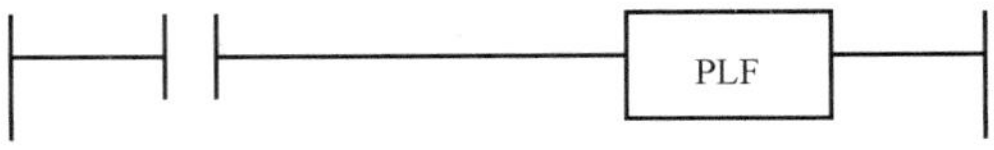 PLF

3. FX2N 系列 PLC 触点连接指令

FX2N 系列 PLC 触点连接指令见表 2-8。

表 2-8　触点连接指令表

符号名称	功能	电路表示和目标文件
LD 取	动合,接左母线或分支回路起始处	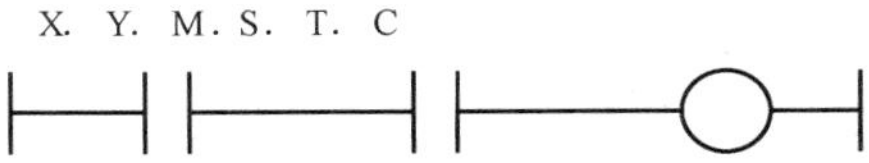 X. Y. M. S. T. C
LDI 取反	动断,接左母线或分支回路起始处	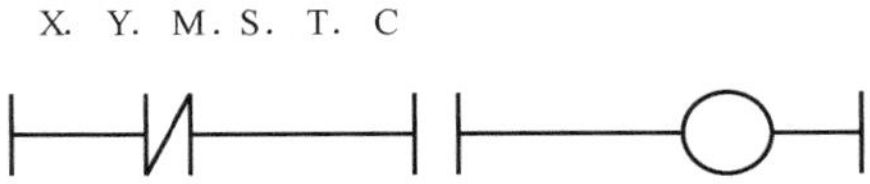 X. Y. M. S. T. C
AND 与	动合,触点串联	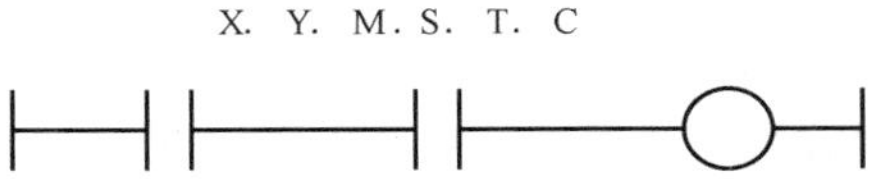 X. Y. M. S. T. C
ANI 与非	动断,触点串联	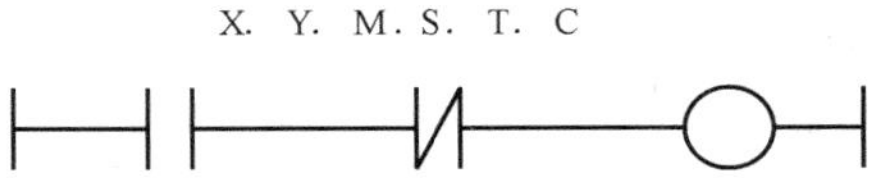 X. Y. M. S. T. C

符号名称	功能	电路表示和目标文件
OR 或	动合,触点并联	X. Y. M. S. T. C
ORI 或非	动断,触点并联	X. Y. M. S. T. C
ORB 电路块或	串联电路块(组)的并联	
ANB 电路块与	并联电路块(组)的串联	

 任务实施

一、PLC 实现三相异步电动机点动运行控制

任务描述:
(1)正确书写 I/O 分配表。
(2)完成 PLC 布线。
(3)学会 PLC 程序调试。

(一)PLC 程序设计的一般步骤

(1)工艺分析:对 PLC 控制对象的工作情况及控制要求进行分析。
(2)选择 PLC 及低压电器元件。
(3)分配 I/O:一般配置好的 PLC,其输入点数与控制对象的输入信号数总是相应的,输出点数与输出的控制回路数也是相应的。
(4)设计主电路与 PLC 控制电路。
(5)编写程序:一般先脱机编写,然后仿真调试。程序设计时,常常要对个别指令先进行仿真试验,然后再进行编程。要画出梯形图或写出语句表清单。
(6)装载与调试程序:编好的程序要装载入 PLC 后才能进行调试。
(7)存储程序:调试通过的程序,要作好存储,以便于程序损坏时恢复。存储时还可加密,以保护知识产权。

(二)工作任务

(1)控制功能分析。
电动机的点动控制要求:按下点动按钮时,接触器得电,电动机开始运行;松开按钮时,接

触器失电,电动机停止运行。

（2）仪表与工具准备,见表2-9。

表2-9　仪表工具表

序号	名称	型号	数量	单位	备注
1	剥线钳		1	把	
2	万用表	MF47	1	块	
3	摇表	500V	1	块	
4	"十"字螺丝刀	三寸 – φ5mm	1	把	
5		二寸 – φ3mm	1	把	
6	元件盒		1	个	

注:以上工具为基本条件。

（3）选择PLC、低压电器。

根据控制要求,控制一台电动机的点动运行,即用1个按钮控制1个接触器线圈,输入点1个,输出点1个,因此选择CP1H型号的PLC,配合其他低压电器,见表2-10。

表2-10　元件表

序号	名称	型号	数量	单位	备注
1	塑料外壳断路器	DZ47 – 63/3P D10	1	个	电动机线路
2	塑料外壳断路器	DZ47 – 63/2P C2	1	个	PLC 线路
3	接触器	CJX2 – 0910 380V	1	个	
4	热继电器	JR36 – 32/16	1	个	
5	按钮	LA4 – 3H	1	个	
6	三相异步电动机	Y 系列:Y90S – 4	1	台	380V1.1kW
7	PLC	OMRON – CP1H	1	台	

（4）分配I/O表,见表2-11。

表2-11　I/O分配表

输入 I			输出 O		
名称	地址	注释	名称	地址	注释
SB1	0.00	点动按钮	KM	100.00	接触器

（5）程序设计与仿真调试。

由于程序非常简单,可以直接进行编程。

① 新建任务,选择"设备类型"为"CP1H",选择"网络类型"为"USB",然后点击"确定"。

② 输入程序。

a. 点击键盘字母"C"出现对话框,输入"0.00",回车,再输入"SB",点击"确定"。

b. 点击键盘字母"O"出现对话框,输入"100.00",回车,再输入"KM",点击"确定"。

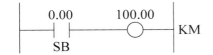

③ 仿真调试。

a. 同时按下"Ctrl + Shift + W"开始仿真。

b. 选中"0.00",按下"Ctrl + J"强制开,相当于按下按钮,这时整条线变绿,输出也变绿,表示输出线圈"得电",也就是说这时 100.00 变为 1。

c. 按下"Ctrl + K"强制关,相当于松开按钮,这时只有线路前部分变绿,输出也变为正常色,表示输出线圈"失电",也就是说这时 100.00 变为 1。

d. 完成操作,点击"Ctrl + L"取消强制。

(6)配线。

按图连接导线,如图 2 – 21 所示。先接好 PLC 接线图,然后进行调试,正常后,再连接主回路。

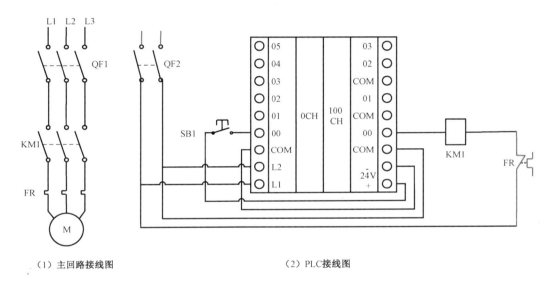

（1）主回路接线图   （2）PLC接线图

图 2 – 21　PLC 点动运行电动机控制线路图

(7)调试。

① 点击键盘"Ctrl + W"进行在线调试,点击"Ctrl + T"把程序传入 PLC 设备,点击"Ctrl + 3"进入在线监视模式。

② 按下按钮"SB1",电动机运行;松开按钮,电动机停止。完成调试。

二、PLC 实现三相异步电动机连续运行控制

任务描述:

(1)完成 I/O 分配表。

(2)完成 PLC 接线。

(3)完成 PLC 程序编程与仿真。

(4)完成 PLC 程序与外接低压电器通电调试。

(一)准备工作

(1)准备仪表及工具(表 2 – 6)。

(2)准备低压电器及 PLC(表 2 – 7)。

(二)程序设计与调试

(1)控制功能分析。

控制功能要求:按下启动按钮,电动机开始运行(KM 得电);按下停止按钮,电动机停止运行(KM 失电)。

(2)I/O 分析与分配。

I/O 分配设计。输入:启动按钮 1 个,分配 0.00,停止按钮 1 个,分配 0.01,输入点共 2 个;输出:输出点 1 个,接 KM 线圈,分配 100.00。I/O 分配表见表 2－12。

表 2－12　电动机连续运行控制 I/O 分配表

输入 I			输出 O		
名称	地址	注释	名称	地址	注释
SB1	0.00	启动按钮	KM	100.00	接触器
SB2	0.01	停止按钮			

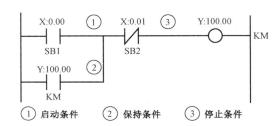

① 启动条件　② 保持条件　③ 停止条件

图 2－22　基本逻辑指令启、保、停梯形图

③ SET、RSET 指令启、保、停梯形图程序如图 2－24 所示。

(3)程序设计。

启、保、停分析:一般程序设计首要分析的是输出的启、保、停控制,即对启动条件、保持状态、停止条件的分析。

① 基本逻辑指令启、保、停梯形图程序如图 2－22 所示。

② KEEP 指令启、保、停梯形图程序如图 2－23 所示。

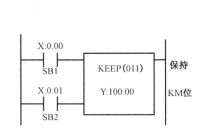

图 2－23　KEEP 指令启、保、停梯形图

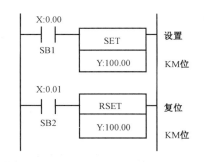

图 2－24　SET、RSET 指令启、保、停梯形图

完成程序设计后,保存程序,文件名称设置为:姓名＋程序名称。

(4)仿真调试。

① 编译程序。

② 仿真操作。

a. 同时按下"Ctrl + Shift + W"开始仿真,状态如图 2－25 所示。

b. 选中"0.00",按下"Ctrl + J"强制开,相当于按下按钮,这时整条线变绿,输出也变

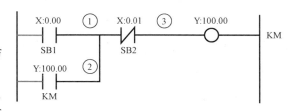

图 2－25　仿真状态图 1

绿,即输出线圈"得电",这时100.00变为1,状态如图2-26所示。

c. 按下"Ctrl + K"强制关,相当于松开按钮,这时只有线路前部分变绿,输出也变为正常白色,即输出线圈"失电",这时100.00变为1,点击"Ctrl + L"取消强制,状态如图2-27所示。

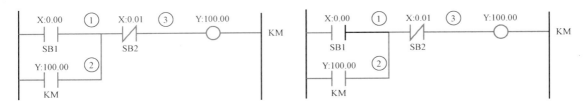

图2-26　仿真状态图2　　　　　　　　　图2-27　仿真状态图3

d. 选中"0.01",依次进行"Ctrl + J"强制开、"Ctrl + K"强制关、"Ctrl + L"取消强制,完成仿真操作。

(5)配线。

按图2-21连接导线。先接好PLC接线图,然后进行调试,正常后,再连接主回路。

(6)调试。

调试顺序:先断开主回路,调试PLC部分,正常后再接通主回路。

① 点击键盘"Ctrl + W"进行在线调试,点击"Ctrl + T"把程序传入PLC设备,点击"Ctrl + 3"进入在线监视模式。

② 按下启动按钮SB1,KM动作;按下停止按钮SB2,KM停止。完成电动机连续运行仿真调试。

③ 主回路调试:按下启动按钮SB1,电动机连续运行;按下停止按钮SB2,电动机停止运行。完成电动机连续运行调试。

三、PLC实现三相异步电动机点动 + 连续运行控制

任务描述:

(1)完成I/O分配表。

(2)完成PLC接线。

(3)完成PLC程序编程与仿真。

(4)完成PLC程序与外接低压电器通电调试。

(一)准备工作

(1)准备仪表及工具(表2-5)。

(2)准备低压电器及PLC(表2-6)。

(二)控制功能分析

控制功能要求分两个方面,一方面要求能完成连续运行功能,另一方面完成点动控制功能。具体控制功能如下:

(1)按下启动按钮,电动机开始运行(KM得电);按下停止按钮,电动机停止运行(KM失电)。

(2)任何时候按下点动按钮,电动机运行;松开点动按钮,电动机停止运行。

（三）I/O 分析与分配

（1）输入：启动按钮 1 个（SB1），分配 0.00；停止按钮 1 个（SB2），分配 0.01；点动按钮 1 个（SB3），分配 0.02，输入点共 3 个。

（2）输出：输出点 1 个，接 KM 线圈，分配 100.00。

I/O 分配表见表 2 - 13。

表 2 - 13　电动机点动 + 连续运行控制 I/O 分配表

输入 I			输出 O		
名称	地址	注释	名称	地址	注释
SB1	0.00	启动按钮	KM	100.00	接触器
SB2	0.01	停止按钮			
SB3	0.02	点动按钮			

（四）程序设计

程序设计关键在于分析控制功能，依据逻辑、指令及控制特点等，完成程序设计与编程。下面分几个方面介绍电动机点动与连续运行控制。一般对简单的电动机控制程序，我们都是把典型电动机控制电路"直译"成梯形图程序，方便直观且适合初学者学习，但在本例中，"直译"过来的梯形图程序是错误的。

（1）利用微分指令完成梯形图。

① 功能一：电动机连续运行。利用启、保、停完成连续运行功能。梯形图程序如图 2 - 28 所示。

② 功能二：点动控制。利用下降沿微分，按下按钮时不动作，松开按钮时动作的特点，完成点动功能。梯形图程序如图 2 - 29 所示。

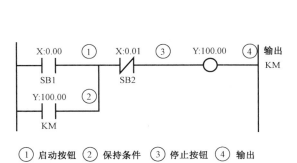

① 启动按钮　② 保持条件　③ 停止按钮　④ 输出

图 2 - 28　仿真状态图 4

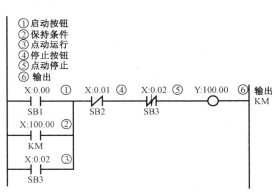

① 启动按钮
② 保持条件
③ 点动运行
④ 停止按钮
⑤ 点动停止
⑥ 输出

图 2 - 29　仿真状态图 5

③ 仿真调试。

a. 连续运行控制调试。

b. 点动调试：按下点动按钮时。

选择"0.02"，按下"Ctrl + J"强制开，相当于点动按钮按下且未松开。梯形图程序如图 2 - 30 所示。

从上图可以看出，按下"0.02"时，虽然"线路"中的"0.02"下降沿断开，但输出"100.00"

已变色,表示"得电",即输出继电器已动作,连接接触器的线圈已得电。

　　c. 点动调试:松开点动按钮时。

　　选择"0.02",按下"Ctrl + K"强制关,相当于松开点动按钮状态。梯形图程序如图 2 - 31 所示。

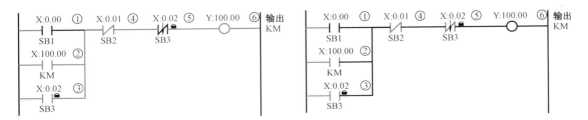

图 2 - 30　仿真状态图 6　　　　　　　　　　　图 2 - 31　仿真状态图 7

　　从上图可以看出,松开"0.02"时,输出"100.00"颜色已恢复,表示"失电",即输出继电器已断电,连接接触器的线圈已失电。

　　(2)按"分别控制,集中输出"设计梯形图程序。

　　① 程序设计时,为完成输出功能,既要连续运行,又要完成点动功能,所以分别设计,先完成连续运行控制程序,再做点动运行控制程序。

　　② 分别完成二个功能后,再将其合并输出。

　　③ 分析二个功能时会发现,在连续运行时松开点动按钮,连续功能还在保持,因而,把点动功能的动断触点"10.01"串到连续功能支路中即可。

　　综上所述,程序可完全实现电动机点动与连续运行控制功能。完成程序设计后,保存程序,文件名称设置为:姓名 + 程序名称。参考梯形图程序如图 2 - 32 所示。

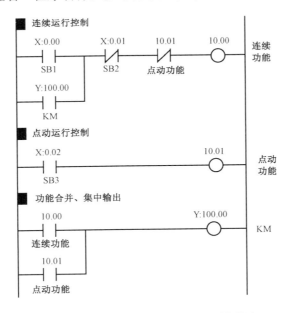

图 2 - 32　电动机点动与连续运行梯形图

　　④ 仿真调试。

　　编译程序,开始进行仿真。

（3）配线。

按图 2 - 33 图连接导线，先接好 PLC 部分电路，然后进行调试。PLC 部分确认无误后，再连接主回路进行调试。

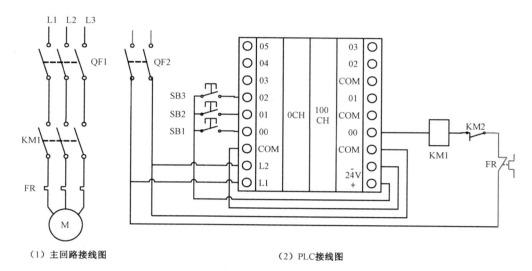

（1）主回路接线图　　　　　　　　　　（2）PLC接线图

图 2 - 33　PLC 点动与连续运行电动机控制线路图

（4）调试。

调试顺序：先断开主回路，调试 PLC 部分正常后，再接通主回路。

能力拓展

使用三菱 FX 系列 PLC 进行编程，由于编程原理与欧姆龙系列 PLC 基本一样，因而，只是编程软件的个别指令不同，使用方法都是一样的。

（1）启、保、停程序，见图 2 - 34。

（2）电动机点动 + 连续运行梯形图程序，见图 2 - 35。

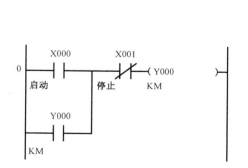

图 2 - 34　FX 启、保、停梯形图

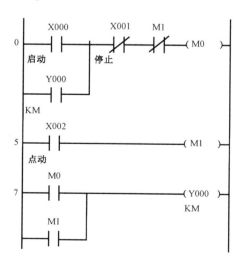

图 2 - 35　电动机点动 + 连续运行梯形图

评分标准

序号	考核内容	评分要素	配分	评分标准
1	准备工作	1. 正确选择工具与仪表 2. 正确选择低压电器	5	1. 正确选择工具与仪表,每选错一次扣2分 2. 正确选择低压电器,每选错一个扣5分
2	I/O分配	正确分配输入、输出点	5	I/O分配表正确,每错一处扣5分
3	接线图	1. 正确画出PLC接线图 2. 正确画出主电路接线图	20	1. 绘制PLC接线图,每错一处扣2分 2. 绘制主电路接线图,每错一处扣3分
4	安装接线	1. 学会元件选择 2. 元件布局合理 3. 安装符合要求 4. 布线合理美观	20	1. 元件选择、布局不合理,每处扣3分,元件安装不牢固,每处扣3分 2. 布线不合理、不美观,每处扣3分
5	程序设计	1. 正解输入程序 2. 正确编辑程序 3. 正确传送程序 4. 正确调试程序	50	1. 按要求编写程序,每错一处扣5分 2. 完成控制功能,按总控制功能的百分比扣分 3. 正确上传程序,每错一处扣2分 4. 不会仿真调试,扣5分 5. 不能正确调试程序,扣10分
6	安全生产	穿工服、绝缘鞋及遵守安全操作规程		1. 不穿工服,从总分中扣2分 2. 不穿绝缘鞋,从总分中扣2分 3. 违反安全操作规程,每次扣2分 4. 损坏仪器仪表,从总分中扣5分 5. 掉落物品,每次从总分中扣3分

任务2 三相异步电动机丫－△降压启动正、反转运行的 PLC 控制

 任务来源

机电设备的运行,不仅仅是正转运行控制,很多情况下需要进行正、反转运行控制,才能完成更复杂的运行。在企业生产运行中,为了防止电动机启动电流过大,常常要采取一些措施降低启动时的电流,而丫－△降压启动是其中的主要措施。为了实现更复杂的控制,常常要进行顺序控制,例如皮带运输机就是典型的顺序控制。

 学习目标

(1)掌握 PLC 基本编程方法。
(2)学会定时器的基本应用。
(3)掌握较复杂典型电动机控制线路的程序设计。

 知识链接

一、定时器指令

定时器和计数器的指令主要包括普通定时器、高速定时器、1ms 定时器、累积定时器、长定

时器、多路输出定时器和普通计数器、可逆计数器以及复位定时器/计数器。除长定时器、多路输出定时器的指令外,其他的指令都有一个定时器/计数器(编)号 N。其中,1ms 定时器号为 0000 ~ 0015 之间,其他的定时器号为 0000 ~ 4095 之间。在编程时,定时器号不能重复。计数器号为 0000 ~ 4095,也不能重复。最新小型机和大型 PLC 的定时器号和计数器号是各自独立编号的,具体情况依据手册而定。

在定时方式上,除了累积定时器和多路输出定时器是递增方式之外,其他都为递减方式。

对于设定值(SV),除了可以用 BCD 码之外,还可以用二进制数设置;在使用用二进制数时,只要在 BCD 码指令助记符的后缀加"X"字母即可。如普通定时器 TIM,输入的是 BCD 码;而 TIMX(550)输入的是二进制数,输入 BCD 码的(SV)为 0 ~ 9999,二进制数的 SV 为 0 ~ 65535。

当使用二进制数指令进行计算时,其中间结果也可以直接用于定时器或计数器的SV(值)。

(一) 普通定时器指令 TIM/TIMX(550)

使用软件编程时,点击 ᤳ(功能指令)方可输入定时器指令,出现对话框时,按图 2 – 36 输入,图中是定时 10s 的定时器。

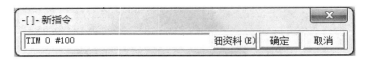

图 2 – 36   定时器操作图

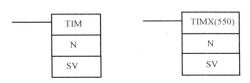

图 2 – 37   普通定时器的梯形图

普通定时器 TIM/TIMX(550)是单位为 0.1s 的递减计数器,其梯形图如图 2 – 37 所示。

N 为定时器号,TIM 和 TIMX(550)的定时器号参考 PLC 手册;SV 为设定值,TIM 的 SV 为 0 ~ 9999,定时精度为 0.1s,则定时的时间范围为 0 ~ 999.9s;TIMX(550)的 SV 为 0 ~ 65535,定时精度是 0.1s,故定时范围为 0 ~ 6553.5s。

在 CIO 区域、W 区域、H(保持继电器)区域、A(辅助继电器)区域、定时器区域、DM 区域、无区号(扩展数据存储)EM 区域和有区号 EM 区域的字可以作为 SV 的操作数;二进制间接 DM/EM 地址、BCD 间接 DM/EM 地址、常数数据寄存器、使用变址寄存器间接寻址这些数据以及常数也可以作为 SV 的操作数。当 SV 为常数时,若输入用 BCD 码表示,应加前缀"#"符号;用二进制数表示时,应加前缀符号"&",数的范围为 0000 ~ 65535,而用十六进制表示为 #0000 ~ #FFFF。N 操作数只能是定时器区域和使用寄存器区域的间接寻址数据。

关于 SV 和 N 的设置涉及标志问题,如果 N 通过变址寄存器间接寻址,但变址寄存器中的地址不是定时器当前值(PV)的地址;或者在 BCD 模式下,SV 不包含 BCD 数据时,则 ER 标志都变为 ON。等于标志(=)、负标志(N)为 OFF。其他情况下的 ER 标志为 OFF。

当定时器输入为 OFF 时,指定的定时器 N 被复位,即定时器 PV 恢复为 SV,并且完成标志位变为 OFF;当定时器输入(条件)从 OFF 到 ON 时,定时器从 PV = SV 开始递减,只要定时器输入保持为 ON,则 PV 每间隔 0.1s 就自动减 1,且连续递减;直到 PV 减为 0000 时,定时器的完成标志才变为 ON;此后,PV 和完成标志状态将保持,直到重新启动定时器,即定时器输入由 OFF 再变 ON 时,PV 恢复为 SV,重新进入定时。定时器的时序关系如图 2 – 38 所示。

（二）高速定时器指令 TIMH（015）/TIMHX（551）

高速定时器 TIMH（015）/TIMHX（551）的梯形图如图 2 - 39 所示。

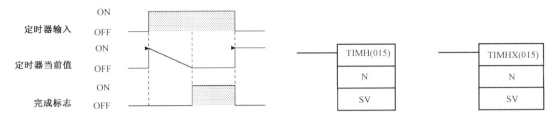

图 2 - 38　普通定时器的时序图　　　　　图 2 - 39　高速定时器的梯形图

高速定时器 TIMH（015）和定时器 TIM 的符号含义相同，N 是定时器号，其范围为 0 ~ 4095，SV 为设定值，设定范围为 0 ~ 9999。它们的主要差异是定时精度不同。高速定时器 TIMH（015）/TIMHX（551）的定时精度为 0.01s，所以 TIMH（015）的定时范围为 0 ~ 99.99s，而 TIMHX（551）的定时范围为 0 ~ 655.35s。

高速定时器 TIMH（015）的 SV 和 N 值的操作数、功能和注意事项与普通定时器基本一致。

（三）其他定时器指令

1. 累积定时器指令 TTIM（087）

累积定时器 TTIM（087）/TTIMX（555）是单位为 0.1s 的递增定时器，其梯形图如图 2 - 40 所示。

图 2 - 40　累积定时器的梯形图

N 的范围为 0 ~ 4095，TTIM（087）的 SV 必须为 #0000 ~ #9999。所以，其累积时间为 0 ~ 999.9s。TTIMX（555）的 SV 必须为 &0 ~ &65535，用十六进制表示为 #0000 ~ #FFFF，其累积时间为 0 ~ 6553.5s。

当定时器输入（条件）为 ON，TTIM（087）开始从当前值递增。当定时器输入为 OFF，定时器 PV 会停止递增，但维持原值。当定时器输入又变为 ON，定时器在原值的基础上继续递增计时。PV 到达 SV 时，定时器完成标志变为 ON。其时序关系如图 2 - 41 所示。

累积定时器与其他定时器的最大区别是当其输入为 OFF 时，PV 会维持原值，输入再次为 ON 时，PV 会继续递增。这种功能可应用于许多间断定时的控制程序，可在出现意外（如断电）时能够记忆前段计时时间。例如在传送带操作过程中意外断电，继续通电后，在累积定时器的控制下，传送物品可以准时传送。

2. 多路输出定时指令 MTIM（543）/MTIMX（544）

多路输出定时器指令 MTIM（543）/MTIMX（544）具有 8 个独立的 SV 和完成标志，单位为 0.1s 的递增定时器，梯形图如图 2 - 42 所示。

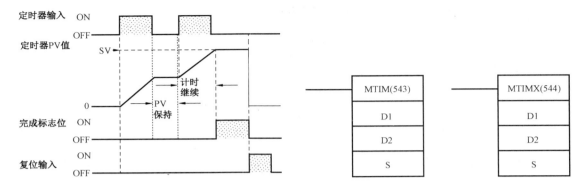

图 2 - 41　累积定时器的时序图　　　　图 2 - 42　多路输出定时器的梯形图

D1 为完成标志字,包括了 8 位完成标志、暂停和复位(位),其中前 8 位(第 0 位到第 7 位)为完成标志位,第 8、9 位为复位和暂停位。D2 为 PV 字,其数值范围为#0000 ~ #9999。S 为具有 8 个独立的 SV 字,其中 S0 ~ S + 7 的每个 S 字分别对应一个完成标志位,即 S0 对应 D1 中的第 0 位完成标志位,S + 1 对应 D1 中的第 1 位完成标志位,依此类推,S + 7 对应 D1 字中的第 7 位完成标志位。每个 SV 的 BCD 码范围为#0000 ~ #9999。MTIMX(544)指令仅与 MTIM(543)的 SV 范围不同(为 &0 ~ &65535),用十六进制表示为#0 ~ #FFFF。

D1、D2 和 S 的操作数可用的数据区域为 CIO 区域、W 区域、H 区域、A 区域、DM 区域、无区号 EM 区域、有区号 EM 区域、定时器区域、计数器区域。D1 和 D2 为上述区域中所有的字,而 S 为这些区域除后面 7 个字的所有字。如在 CIO 区域,D1 和 D2 为 0000 ~ 6143,而 S 为 0000 ~ 6136。另外二进制间接 DM/EM 地址、BCD 间接 DM/EM 地址、使用变址寄存器间接寻址也可作为这三者的操作数。特别需要注意的是数据寄存器 DR0 ~ DR15 可作为 D2 的操作数,而常数不能作为这三者的操作数。

当执行条件为 ON,复位和暂停位为 OFF 时,MTIM(543)在 D2 中 PV 递增(加);如果复位为 OFF、暂停位为 ON 时,定时器暂时停止递加 PV,并保持原值;当暂停位再次变为 OFF 时,MTIM(543)恢复定时,即在原来定时器定时的(保持值)基础上继续递加 PV。每次 MTIM(543)执行后,PV(D2 中的内容)会与 S0 ~ S + 7 中的 8 个 SV 相比较。如果其中一些不大于 PV,相应完成标志(D1 位 00 ~ 07)会变为 ON。当 PV 递增到达最大值 9999 时,PV 自动复位到 0000,并且所有的完成标志位都变为 OFF。

当复位为 ON 时,不管暂停位如何,PV 都复位到 0000,所有的标志位都变为 OFF,并且 PV 不会被更新。如果 D1 指定为 CIO 区域中的字,则可用 SET 和 RSST 指令来控制暂停和复位(位状态)。

当使用少于 8 个 SV 时,则对应最后一个被用的 SV 后面的字应设置为 0000,MTIM(543)会忽略 SV 值为 0000 及余下的所有 SV。

多路输出定时器的 PV 及完成标志都在 MTIM(543)执行时刷新。多路输出定时器用在 IL(002)、ILC(003)、JMP(004)和 JME(005)程序时,其 PV 都会被保持。用 MTIM(543)时要确定完成标志和 PV(D1 和 D2)所指定的字没有被其他指令所用,否则,可能导致定时器定时不准确。

二、"电路图—梯形图"直译,编写电动机典型控制梯形图

按钮控制的顺序启动与逆序停止(以下简称顺启逆停)是电动机控制中的典型控制,皮带运输机就是这种控制的典型应用。

(1)三条传送带的皮带运输机的控制分析。

皮带运输机启动过程分析:为防止传送带上有货物,防止货物堆积,首先启动第3条传送带(第3台电动机);然后启动第2条传送带(第2台电动机);最后启动第1条传送带(第1台电动机)。

皮带运输机停止过程分析:为防止传送带上有货物,防止货物堆积,首先停止第1条传送带(第1台电动机);然后停止第2条传送带(第2台电动机);最后停止第3条传送带(第3台电动机)。

(2)选择 PLC 型号:PLC 选择 CP1H 型号。

(3)I/O 分配,见表2-14。

表2-14　3台电动机皮带运输机 I/O 分配表

输入 I			输出 O		
名称	地址	注释	名称	地址	注释
SB1	0.00	第1台电动机启动按钮	KM1	100.00	第1台电动机控制接触器
SB2	0.01	第1台电动机停止按钮	KM2	100.01	第2台电动机控制接触器
SB3	0.02	第2台电动机启动按钮	KM3	100.02	第3台电动机控制接触器
SB4	0.03	第2台电动机停止按钮			
SB5	0.04	第3台电动机启动按钮			
SB6	0.05	第3台电动机停止按钮			

(4)两台电动机的顺启逆停典型控制电路分析。

两台电动机的顺启逆停控制是顺序控制的基础。

启动顺序:按控制要求,必需是 KM1 先动作,KM2 才能动作,控制电路中用 KM1-2 来完成此功能。

停止顺序:按控制要求,必需是 KM2 先失电,KM1 才能失电,控制电路中用 KM2-2 来完成此功能。

两台电动机的顺启逆停控制电路见图2-43。

(5)皮带运输机顺启逆停的 PLC 梯形图设计。

依据二台电动机的顺启逆停原理,设计完成三台顺启逆停控制的梯形图设计。梯形图程序设计思路采用"电路图—梯形图"直译的办法,把电路图转为梯形图即可,主回路见图2-44,梯形图程序见图2-45。

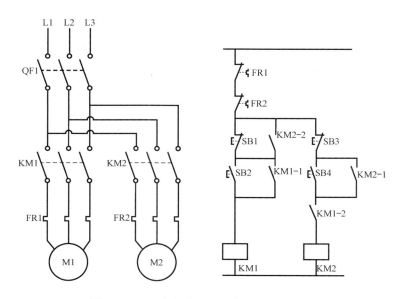

图 2 - 43　两台电动机的顺启逆停控制电路

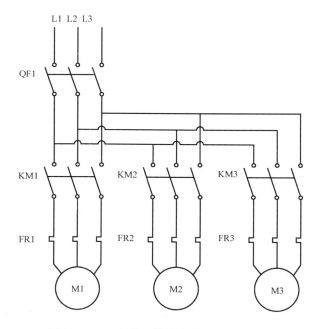

图 2 - 44　三条传送带的皮带运输机主电路

三、时序分析法,完成自动顺启逆停控制的梯形图设计

(1)三条传送带的皮带运输机完成自动顺启逆停控制分析。

皮带运输机启动过程分析:为防止传送带上有货物,防止货物堆积,首先启动第3个传送带(第3台电动机);然后延时一定时间自动启动第2个传送带(第2台电动机);再延时一定时间自动启动第1个传送带(第1台电动机)。

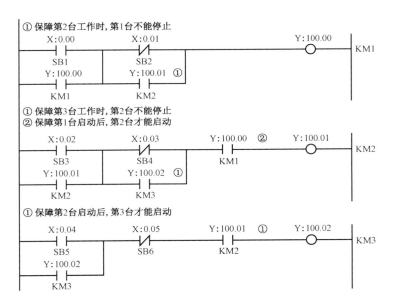

图 2-45 三条传送带的皮带运输机梯形图程序

皮带运输机停止过程分析:为防止传送带上有货物,防止货物堆积,首先停止第 1 个传送带(第 1 台电动机);然后延时一定时间停止第 2 个传送带(第 2 台电动机);再延时一定时间停止第 3 个传送带(第 3 台电动机)。

(2)选择 PLC 型号。

PLC 选择 CP1H 型号。

(3)I/O 分配见表 2-15。

表 2-15　3 台电动机皮带运输机自动顺启逆停 I/O 分配表

输入 I			输出 O		
名称	地址	注释	名称	地址	注释
SB1	0.00	启动按钮	KM1	100.00	第 1 台电动机控制接触器
SB2	0.01	停止按钮	KM2	100.01	第 2 台电动机控制接触器
			KM3	100.02	第 3 台电动机控制接触器

(4)控制要求实现分析。

顺序启动可以利用 2 个定时器完成,逆序停止再用 2 个定时器,主回路与上例一样,见图 2-43。

启动顺序:按控制要求,首先是 KM1 动作,第 1 次延时后 KM2 动作,第 2 次延时后 KM3 动作。

停止顺序:按控制要求,首先是 KM3 停止,第 1 次延时后 KM2 停止,第 2 次延时后 KM1 停止。

(5)皮带运输机自动顺启逆停的 PLC 梯形图设计,见图 2-46。

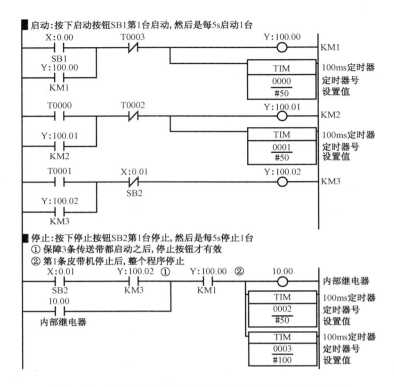

图 2 - 46 三条传送带的皮带运输机自动控制梯形图程序

四、两套程序,解决疑难问题——皮带运输机控制

(1)三条传送带的皮带运输机 2 个按钮手动顺启逆停控制。

完成顺启逆停自动控制不难,如果要求程序中不用定时器,且只用一个启动按钮和一个停止按钮,那么程序难度就大大增加。

启动控制要求:第 1 次按下启动按钮,启动第 1 台电动机;第 2 次按下启动按钮,启动第 2 台电动机;第 3 次按下启动按钮,启动第 3 台电动机,完成顺启控制。

停止控制要求:第 1 次按下停止按钮,停止第 3 台电动机;第 2 次按下停止按钮,停止第 2 台电动机;第 3 次按下停止按钮,停止第 1 台电动机,完成逆停控制。

(2)选择 PLC 型号。

PLC 选择 CP1H 型号。

(3)I/O 分配见表 2 - 15。

(4)控制要求实现分析。

依据控制要求,难点在于如何利用一个按钮完成每按一下,启动一台电动机;如果按典型电路直译成梯形图,一按启动按钮,三个输出会同时动作。由于梯形图程序的执行顺序,按下按钮时,按钮动作时间远远大于程序执行时间,所以会出现输出同时动作的现象。

依据梯形图程序执行顺序,反向编程,即先编写第 3 个要求启动的电动机,再编写第 2 个要求启动的电动机,最后编写第 1 个要求启动的电动机,这样就解决了启动的问题,但按钮按下时间还是过长,故采用微分指令解决这个问题。同理,停止控制也按这种方法进行。

(5)二按钮手动控制启停的 PLC 梯形图见图 2 - 47。

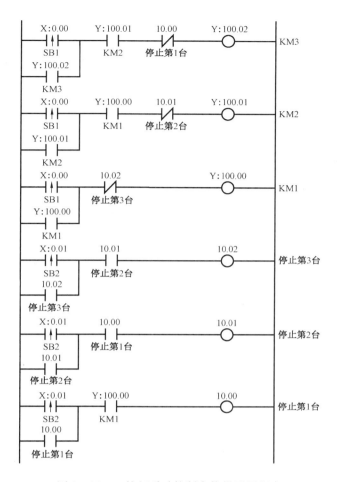

图 2 – 47 二按钮手动控制启停梯形图程序

任务实施

一、电动机正反转 PLC 控制

任务描述:

(1)完成 I/O 分配表。

(2)完成 PLC 接线。

(3)编写正反转 PLC 梯形图程序并调试。

(4)完成 PLC 程序与外接低压电器通电调试。

(一)控制功能分析

启动要求:按下正转按钮,电动机开始正转;按下反转按钮,电动机开始反转。

停止要求:任何时刻按下停止按钮,电动机停止运行。

安全要求:有必要的联锁及保护。

(二)PLC 选型

PLC 选择欧姆龙 CP1H。

（三）I/O 分析与分配

（1）输入：正转按钮 1 个（SB1），分配 0.00；停止按钮 1 个（SB2），分配 0.01；反转按钮 1 个（SB3），分配 0.02；输入点共 3 个。

（2）输出：正转接触器 1 个（KM1），分配 100.00；反转接触器 1 个（KM2），分配 100.01；输出点共 2 个。

I/O 分配见表 2 – 16。

表 2 – 16　电动机正反转运行控制 I/O 分配表

输入 I			输出 O		
名称	地址	注释	名称	地址	注释
SB1	0.00	正转按钮	KM1	100.00	正转接触器
SB2	0.01	停止按钮	KM2	100.01	反转接触器
SB3	0.02	反转按钮			

（四）电路设计

按图 2 – 48 图连接电路。先接好 PLC 部分电路，调试确认无误后，再连接主回路进行调试。

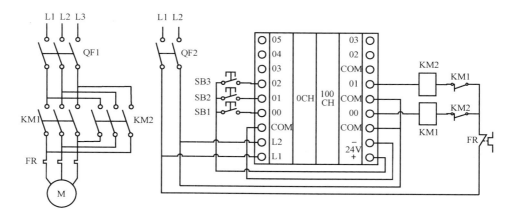

图 2 – 48　电动机正反转 PLC 控制电路图

（五）程序设计

（1）把典型电动机控制电路"直译"成梯形图程序（图 2 – 49）。

（2）仿真调试：编译程序，进行仿真调试。

（六）调试

（1）配线。

按图 2 – 48 连接导线。先接好 PLC 接线图，调试正常后，再连接主回路。

（2）调试。

调试顺序：先断开主回路，调试 PLC 部分正常后，再接通主回路。

（3）清理现场。

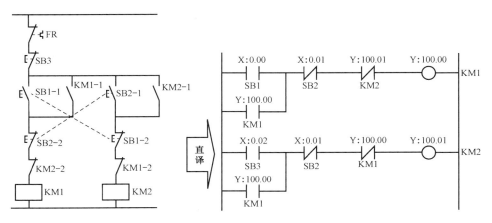

图 2 – 49　电动机正反转电路图"直译"梯形图程序

二、电动机丫 – △降压启动 PLC 控制

任务描述:

(1)完成 I/O 分配表。

(2)完成 PLC 接线。

(3)编写丫 – △降压启动 PLC 梯形图程序并调试。

(4)完成 PLC 程序与外接低压电器通电调试。

(一)控制功能分析

启动要求:按下启动按钮,电动机丫启动,延时 5s 后,△运行。

停止要求:任何时刻按下停止按钮,电动机停止运行。

安全要求:有必要的联锁及保护。

(二)PLC 选型

PLC 选择:欧姆龙 CP1H。

(三)I/O 分析与分配

(1)输入:启动按钮 1 个(SB1),分配 0.00;停止按钮 1 个(SB2),分配 0.01;输入点共 2 个。

(2)输出:主接触器 1 个(KM1),分配 100.00;丫接触器 1 个(KM2),分配 100.01;△接触器 1 个(KM3),分配 100.02;输出点共 3 个。

I/O 分配见表 2 – 17。

表 2 – 17　电动机丫 – △降压启动运行控制 I/O 分配表

输入 I			输出 O		
名称	地址	注释	名称	地址	注释
SB1	0.00	启动按钮	KM1	100.00	主接触器
SB2	0.01	停止按钮	KM2	100.01	丫接触器
			KM3	100.02	△接触器

(四)电路设计

按图 2 – 50 图连接电路。先接好 PLC 部分电路,调试确认无误后,再连接主回路进行调试。

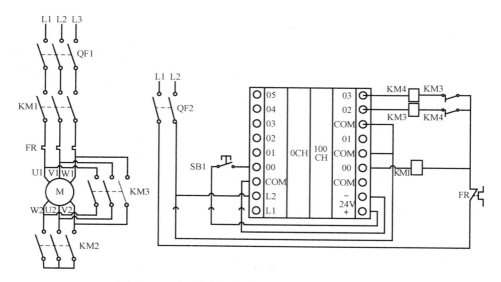

图 2 – 50 电动机丫 – △降压启动 PLC 控制电路图

（五）程序设计

1. 利用"直译"法编程分析

（1）先做个启保停程序,把主接触器和丫接触器同时启动。

（2）利用定时器,自动完成"丫 – △"转换。

（3）启动顺序控制:主接触器、丫接触器与定时器同时启动,定时器延时5s后,利用延时动断点断开丫接触器,利用延时动合点接通△接触器,完成启动控制。

（4）停止控制:利用停止按钮切断整个程序。

电动机正反转电路图"直译"梯形图程序见图2 – 51。

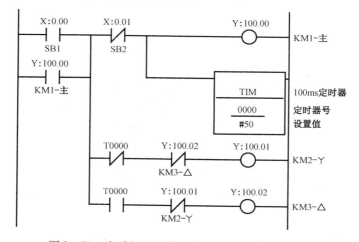

图 2 – 51　电动机正反转电路图"直译"梯形图程序

（5）仿真调试:编译程序,进行仿真调试。

2. 调试

（1）配线。

按图2 – 50连接导线。先接好PLC接线图,调试正常后,再连接主回路。

（2）调试。

调试顺序：先断开主回路，调试PLC部分正常后，再接通主回路。

三、电动机丫－△降压启动正反转运行PLC控制

任务描述：

（1）完成I/O分配表。

（2）完成PLC接线。

（3）编写正反转丫－△降压启动PLC梯形图程序并调试。

（4）完成PLC程序与外接低压电器通电调试。

（一）控制功能分析

（1）正向启动要求：按下正向启动按钮，电动机正向丫启动，延时5s后，△正向运行。

（2）反向启动要求：按下反向启动按钮，电动机反向丫启动，延时5s后，△反向运行。

（3）停止要求：任何时刻按下停止按钮，电动机停止运行。

（4）安全要求：有必要的联锁及保护。

（二）PLC选型

PLC选择：欧姆龙CP1H。

（三）I/O分析与分配

（1）输入：正向启动按钮1个（SB1），分配0.00；反向启动按钮1个（SB2），分配0.01；停止按钮1个（SB3），分配0.02；输入点共3个。

（2）输出：正转主接触器1个（KM1），分配100.00；丫接触器1个（KM2），分配100.01；△接触器1个（KM3），分配100.02；输出点共3个。

I/O分配见表2－18。

表2－18　电动机正反转运行控制I/O分配表

输入I			输出O		
名称	地址	注释	名称	地址	注释
SB1	0.00	正向启动按钮	KM1	100.00	主接触器
SB2	0.01	反向启动按钮	KM2	100.01	丫接触器
SB3	0.02	停止按钮	KM3	100.02	△接触器

（四）电路设计

按图2－52图连接电路。先接好PLC部分电路，调试PLC部分确认无误后，再连接主回路进行调试。

（五）程序设计及调试

1. 程序设计

（1）正向星角降压启动：将学习过的丫－△降压启动程序进行修改，启保停控制正向主接触器，利用定时器自动完成"丫－△"转换，将丫－△部分用内部继电器代替，因为星角是公用部分，采用"分别控制、集中输出"的方法。

（2）反向丫－△降压启动：利用上述办法，启保停控制反向主接触器，定时器自动完成

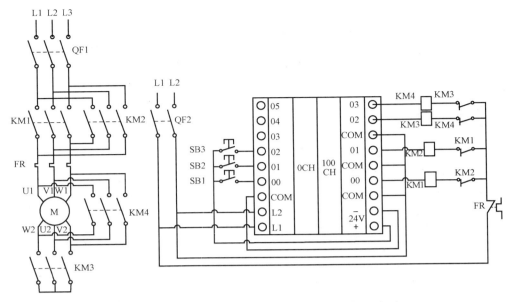

图 2-52 电动机丫-△启动正、反转 PLC 控制电路图

"丫-△"转换,丫-△部分另外用二个内部继电器代替。

(3)分别控制、集中输出:正反二个主接触器控制完成。把实现丫启动的内部继电器并联控制星接触器,把实现角运行的内部继电器并联控制角接触器,完成丫-△控制。

(4)停止控制:利用停止按钮切断整 100.00、100.01 主接触器去路。

电动机丫-△启动正反转运行梯形图程序见图 2-53。

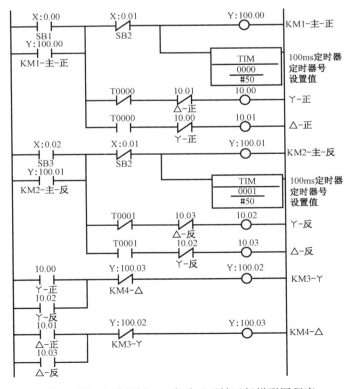

图 2-53 电动机丫-△启动正反转运行梯形图程序

2. 调试

（1）仿真调试：编译程序，进行仿真调试。

（2）配线。

按图 2 - 52 连接导线。先接好 PLC 接线图，调试正常后，再连接主回路。

（3）调试。

调试顺序：先断开主回路，调试 PLC 部分正常后，再接通主回路。

 能力拓展

一、三菱定时器指令

定时器在三菱 PLC 编程软件与欧姆龙 PLC 编程软件操作时不同。使用软件操作时，需要点击图，输入方式如图 2 - 54 所示。

图 2 - 54　定时器输入方式

FX2N 系列 PLC 中定时器时可分为通用定时器、积算定时器二种。它们是通过对一定周期的时钟脉冲进行累计而实现定时的，时钟脉冲有周期为 1ms、10ms、100ms 三种，当所计数达到设定值时触点动作。设定值可用常数（K）或数据寄存器（D）的内容来设置。

（一）通用定时器

通用定时器的特点是不具备断电保持功能，即当输入电路断开或停电时定时器复位。通用定时器有 100ms 和 10ms 两种。

（1）100ms 通用定时器（T0 ~ T199）共 200点，其中 T192 ~ T199 为子程序和中断服务程序专用定时器。这类定时器是对 100ms 时钟累积计数，设定值为 1 ~ 22767，所以其定时范围为 0.1 ~ 2276.7s。

（2）10ms 通用定时器（T200 ~ T245）共 46 点。这类定时器是对 10ms 时钟累积计数，设定值为 1 ~ 22767，所以其定时范围为 0.01 ~ 227.67s。

下面举例说明通用定时器的工作原理。如图 2 - 55 所示，当输入 X0 接通时，定时器 T200 从 0 开始对 10ms 时钟脉冲进行累积计数，当计数值与设定值 K122 相等时，定时器的动合接通 Y0，经过的时间为 122 × 0.01s = 1.22s。当 X0 断开后定时器复位，计数值变为 0，其动合触点断开，Y0 也随之 OFF。若外部电源断电，定时器也将复位。

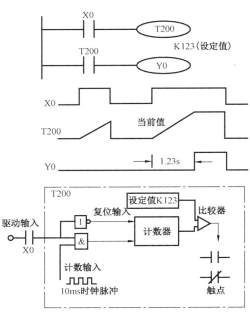

图 2 - 55　通用定时器工作原理

(二)积算定时器

积算定时器具有计数累积的功能。在定时过程中,如果断电或定时器线圈 OFF,积算定时器将保持当前的计数值(PV),通电或定时器线圈 ON 后继续累积,即其 PV 具有保持功能,只有将积算定时器复位,PV 才变为 0。

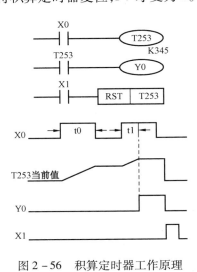

图 2 - 56 积算定时器工作原理

(1)1ms 积算定时器(T246 ~ T249)共 4 点,是对 1ms 时钟脉冲进行累积计数的,定时的时间范围为 0.001 ~ 22.767s。

(2)100ms 积算定时器(T250 ~ T255)共 6 点,是对 100ms 时钟脉冲进行累积计数的定时的时间范围为 0.1 ~ 2276.7s。

以下举例说明积算定时器的工作原理。如图 2 - 56 所示,当 X0 接通时,T252 PV 计数数器开始累积 100ms 的时钟脉冲的个数。当 X0 经 t0 后断开,而 T252 尚未计数到设定值 K245,其计数的 PV 保留。当 X0 再次接通,T252 从保留的 PV 开始继续累积,经过 t1 时间,PV 达到 K245 时,定时器的触点动作。累积的时间为 t0 + t1 = 0.1 × 245 = 24.5s。当复位输入 X1 接通时,定时器才复位,PV 变为 0,触点也跟随复位。

二、双重联锁正反转梯形图程序设计

(1)I/O 分配见表 2 - 19。

表 2 - 19 电动机双重联锁正、反转控制系统 I/O 分配表

输入 I			输出 O		
名称	地址	注释	名称	地址	注释
SB1	X0	启动按钮	KM1	Y0	正转接触器
SB2	X1	停止按钮	KM2	Y1	反转接触器

(2)梯形图程序见图 2 - 57。

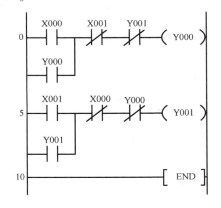

图 2 - 57 双重联锁正反转梯形图程序

三、丫－△降压启动梯形图程序设计

（1）I/O 分配见表 2 - 20。

表 2 - 20　电动机丫－△降压启动控制系统 I/O 分配表

输入 I			输出 O		
名称	地址	注释	名称	地址	注释
SB1	X0	启动按钮	KM1	Y0	主接触器
SB2	X1	停止按钮	KM2	Y1	丫接触器
			KM3	Y2	△接触器

（2）梯形图程序见图 2 - 58。

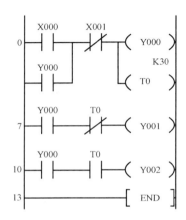

图 2 - 58　丫－△降压启动梯形图程序

模块三　PLC 控制系统的安装与调试及高级应用

PLC 是现代控制系统的核心器件,其控制功能强大,在掌握 PLC 控制基础之后,通过学习 PLC 典型的程序设计和功能指令,达到能用 PLC 完成比较复杂的控制功能,通过实践达到对 PLC 程序设计的融会贯通、灵活应用。

项目一　PLC 基本控制系统的安装与调试

PLC 的控制有其自己的特色,初学者要依据电气控制知识分析其固有的特点。本项目中重点是根据已掌握的 PLC 程序设计的知识,进一步学习 PLC 特有的编程知识,以提高程序设计的能力。

任务 1　多地控制一盏灯程序设计

 任务来源

(1)指示灯的逻辑控制是机电设备的常用功能,一般用来指示各种工作状态。
(2)生活中常常用不同的方式进行照明灯的控制,能反映出 PLC 的基本控制。

 学习目标

(1)掌握基本逻辑代数的运算与分析。
(2)学会用逻辑法进行 PLC 程序设计。
(3)掌握基本指令的逻辑分析方法。

 知识链接

一、基本逻辑运算

数字电路是实现逻辑关系的运算电路。逻辑关系是指某事物的条件(或原因)与结果之间的关系。逻辑关系常用逻辑函数来描述。

(一)基本逻辑运算

逻辑代数中三种基本运算:与、或、非。

1. 与逻辑

1)逻辑与运算

与运算:只有当决定一件事情结果的条件全部具备之后,这件事情才会发生。我们把这种因果关系称为与逻辑。与逻辑基本逻辑运算分析见图 3 −1。

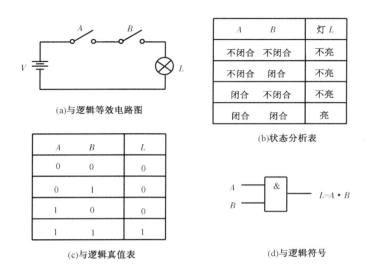

(a)与逻辑等效电路图

(b)状态分析表

A	B	灯 L
不闭合 不闭合		不亮
不闭合 闭合		不亮
闭合 不闭合		不亮
闭合 闭合		亮

A	B	L
0	0	0
0	1	0
1	0	0
1	1	1

(c)与逻辑真值表

(d)与逻辑符号

图 3 - 1　与逻辑基本逻辑运算图

(1)可以用列真值表的方式表示上述逻辑关系。

(2)如果用二值逻辑 0 和 1 来表示,并设 1 表示开关闭合或灯亮,0 表示开关不闭合或灯不亮,则得到如图 3 - 1(c)所示的表格,称为逻辑真值表。

(3)若用逻辑表达式来描述,则可写为 $L = A \cdot B$。

与运算的规则为:输入有 0,输出为 0;输入全 1,输出为 1。

(4)在数字电路中能实现与运算的电路称为与门电路,其逻辑符号如图 3 - 1(d)所示。

与运算可以推广到多变量:$L = A \cdot B \cdot C \cdots$

2)与逻辑的 PLC 程序

以 CP1H 型 PLC 为例,PLC 输入端为 0.00、0.01,输入器件为开关电器,符号为 SA1、SA2,输出为 100.00,输出器件为 KM。与逻辑梯形图程序见图 3 - 2。

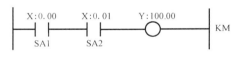

图 3 - 2　与逻辑梯形图

2. 或逻辑

1)逻辑或运算

或运算:当决定一件事情结果的几个条件中,只要有一个或一个以上条件具备,这件事情就会发生。我们把这种因果关系称为或逻辑,或逻辑基本逻辑运算分析见图 3 - 3。

或运算的状态分析表见图 3 - 3(b),逻辑真值表见图 3 - 3(c)。若用逻辑表达式来描述,则可写为:$L = A + B$。

或运算的规则为:输入有 1,输出为 1;输入全 0,输出为 0。

在数字电路中能实现或运算的电路称为或门电路,其逻辑符号见图 3 - 3(d)。或运算也可以推广到多变量:$L = A + B + C + \cdots$

2)或逻辑的 PLC 程序

以 CP1H 型 PLC 为例,PLC 输入端为 0.00、0.01,输入器件为开关电器,符号为 SA1、SA2;输出端为 100.00,输出器件为 KM,或逻辑梯形程序见图 3 - 4。

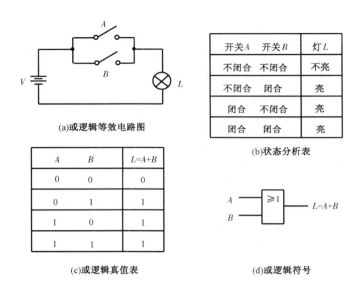

(a)或逻辑等效电路图

开关A	开关B	灯L
不闭合	不闭合	不亮
不闭合	闭合	亮
闭合	不闭合	亮
闭合	闭合	亮

(b)状态分析表

A	B	L=A+B
0	0	0
0	1	1
1	0	1
1	1	1

(c)或逻辑真值表

(d)或逻辑符号

图 3-3 或逻辑基本逻辑运算图

3. 非逻辑

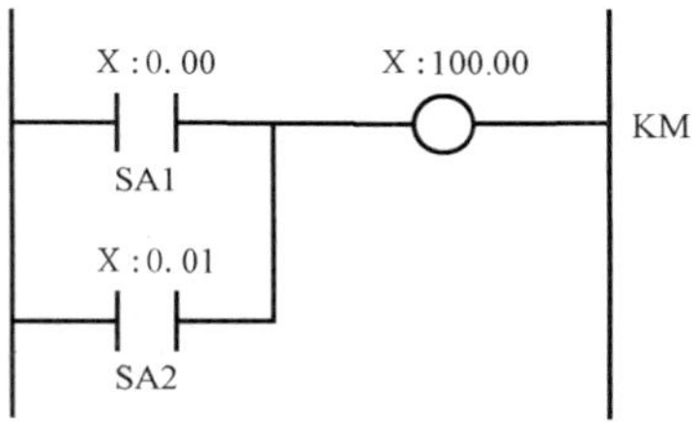

1）非逻辑运算

非运算:某事情发生与否,仅取决于一个条件,而且是对该条件的否定,即条件具备时事情不发生;条件不具备时事情才发生。

例如图 3-5(a)所示的电路,当开关 A 闭合时,灯不亮;而当开关 A 不闭合时,灯亮。其状态分析表如图 3-5(b)所示,逻辑真值表如图 3-5(c)所示。若用逻辑表达式来描述,则可写为:$L=\overline{A}$。

图 3-4 或逻辑梯形图

非运算的规则为:"有 0 出 1,全 1 出 0"。

在数字电路中实现非运算的电路称为非门电路,其逻辑符号如图 3-5(d)所示。

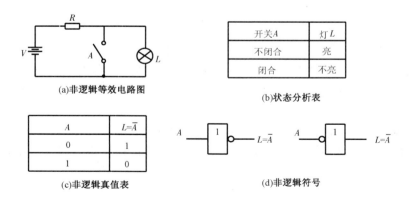

(a)非逻辑等效电路图

开关A	灯L
不闭合	亮
闭合	不亮

(b)状态分析表

A	L=Ā
0	1
1	0

(c)非逻辑真值表

(d)非逻辑符号

图 3-5 非逻辑基本逻辑运算图

2）非逻辑的 PLC 程序

以 CP1H—PLC 为例，PLC 输入端为 0.00，输入器件为开关电器，符号为 SA1，输出为 100.00，器件为 KM，非逻辑梯形程序见图 3 -6。

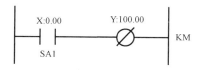

图 3 -6　非逻辑梯形图

（二）其他常用逻辑运算

任何复杂的逻辑运算都是由这三种基本逻辑运算组合而成。在实际应用中为了减少逻辑门的数目，使数字电路的设计更方便，还常常使用其他几种常用逻辑运算。

1. 与非

（1）与非逻辑关系。

与非逻辑是由与运算和非运算组合而成，如图 3 -7 所示。

（2）与非逻辑 PLC 梯形图程序见图 3 -8。

A	B	$L=\overline{A\cdot B}$
0	0	1
0	1	1
1	0	1
1	1	0

(a)逻辑真值表

(b)逻辑符号

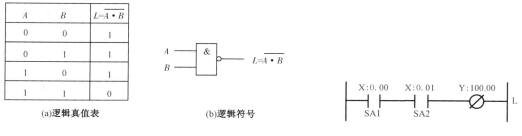

图 3 -7　与非逻辑运算

图 3 -8　与非逻辑运算梯形图

2. 或非

（1）或非逻辑关系。

或非逻辑是由或运算和非运算组合而成，如图 3 -9 所示。

（2）或非逻辑 PLC 梯形图程序见图 3 -10。

A	B	$L=\overline{A+B}$
0	0	1
0	1	0
1	0	0
1	1	0

(a)逻辑真值表

(b)逻辑符号

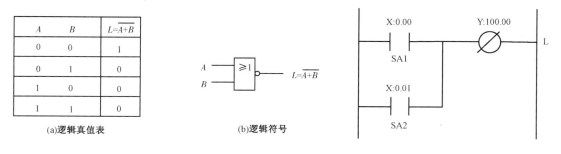

图 3 -9　或非逻辑运算

图 3 -10　或非逻辑 PLC 梯形图

3. 异或

1）异或逻辑关系

异或逻辑是一种二变量逻辑运算，当两个变量取值相同时，逻辑函数值为 0；当两个变量取值不同时，逻辑函数值为 1。异或的逻辑真值表和相应逻辑符号如图 3 -11 所示。

2）异或逻辑 PLC 控制实例——两地控制一盏灯

（1）控制要求：

① 用两个开关控制一盏灯。

② 每个开关均能分别控制灯的开与关。

（2）两地控制梯形图程序设计，见图 3 – 12（PLC 选用 CP1H）。

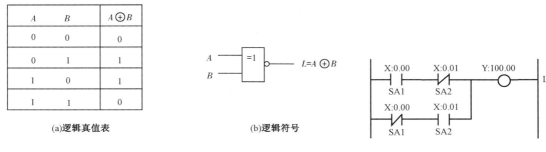

<table>
<tr><th>A</th><th>B</th><th>A ⊕ B</th></tr>
<tr><td>0</td><td>0</td><td>0</td></tr>
<tr><td>0</td><td>1</td><td>1</td></tr>
<tr><td>1</td><td>0</td><td>1</td></tr>
<tr><td>1</td><td>1</td><td>0</td></tr>
</table>

(a)逻辑真值表　　　　　　　　　　　(b)逻辑符号

图 3 – 11　异或逻辑运算　　　　　　　图 3 – 12　两地控制梯形图

二、逻辑函数的 PLC 程序实现方法

描述逻辑关系的函数称为逻辑函数，前面讨论的与、或、非、与非、或非、异或都是逻辑函数。逻辑函数是从生活和生产实践中抽象出来的，但是只有那些能明确地用"是"或"否"作出回答的事物，才能定义为逻辑函数。逻辑函数有四种表示方法，即真值表、函数表达式、逻辑图和卡诺图。这里先介绍前三种。

（一）真值表

真值表是将输入逻辑变量的各种可能取值和相应的输出变量函数值排列在一起而组成的表格。为避免遗漏，各变量的取值组合应按照二进制递增的次序排列。真值表有以下几项特点：

（1）直观明了。输入变量取值一旦确定后，即可在真值表中查出相应的函数值。

（2）把一个实际的逻辑问题抽象成一个逻辑函数时，使用真值表是最方便的。所以，在设计逻辑电路时，总是先根据设计要求列出真值表。

（3）真值表的缺点是，当变量较多时，表格较大，内容显得过于烦琐。

（二）函数表达式

函数表达式是由逻辑变量和"与""或""非"三种运算符号所构成的表达式。

真值表可以转换为函数表达式，方法为：在真值表中依次找出函数值等于1的变量组合，变量值为1的写成原变量，变量值为0的写成反变量（原变量的非），把组合中各个最小表达式相乘。这样，对应于函数值为1的每一个变量组合就可以写成一个乘积项。然后，把这些乘积项相加，就得到相应的函数表达式了。反之，表达式也可以转换成真值表，方法为：画出真值表的表格，将变量及变量的所有取值组合按照二进制递增的次序列入表格左边，然后按照表达式，依次对变量的各种取值组合进行运算，求出相应的函数值，填入表格右边对应的位置，即得真值表。

例 3 - 1 列出函数 $L = A \cdot B + \overline{A} \cdot \overline{B}$ 的真值表。

解:该函数有两个变量,有 4 种取值的可能组合,将他们按顺序排列起来即得真值表,见表 3 - 1。

表 3 - 1 $L = A \cdot B + \overline{A} \cdot \overline{B}$ 的真值表

A	B	L
0	0	1
0	1	0
1	0	0
1	1	1

(三)逻辑图

逻辑图是由逻辑符号及它们之间的连线而构成的图形,是描述逻辑函数的一种方法。

例 3 - 2 画出逻辑函数 $L = A \cdot B + \overline{A} \cdot \overline{B}$ 的逻辑图。

解:$L = A \cdot B + \overline{A} \cdot \overline{B}$ 的逻辑图如图 3 - 13 所示。

由逻辑图也可以写出其相应的函数表达式。

三、位计数器指令 BCNT

(1)功能:对通道中数据为"1"的位的总数进行计数。

(2)指令格式,见图 3 - 14。

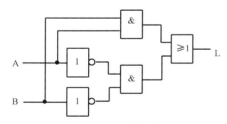

图 3 - 13 $L = A \cdot B + \overline{A} \cdot \overline{B}$ 的逻辑图

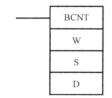

图 3 - 14 位计数器指令符号
W—#0 ~ 9990(BCD),需要统计的通道数;S—需要统计的起始通道号;D—统计的结果存放的通道

(3)注意事项。

执行条件为 ON 时,每个周期都执行;每个周期中在上升沿开始执行,下降沿不执行。

(4)动作说明见图 3 - 15。

0.01 为 1 时,条件满足,指令把通道 2 中的是"1"的位数进行计数,通道 2 中现在为"0000000000001111",统计的结果放在 20 通道中,结果为 4,表示通道 2 中有 4 个位为"1"。

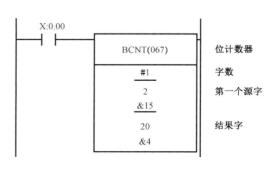

图 3 - 15 动作说明

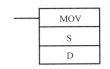

图 3 - 16　MOV 指令符号

S—可以是常数,用"#XX"。
也可以是通道号,这时传送的是通
道中的数据;D—传送的目的通道号;
把 S 中的数据传送到此通道中

四、单字传送指令 MOV

(1)功能:把数据传送到指定的通道中。
(2)指令格式,见图 3 - 16。
(3)注意事项。

MOV 指令在执行条件为 ON 时,每个周期都执行;MOV 可以作为微分指令执行,微分时在指令前面加"@"为"@ MOV",此时指令在执行条件为 ON 时的第一个周期执行一次数据传送。

 任务实施

一、三地控制一盏灯的程序设计

任务描述:
(1)完成 I/O 分配表。
(2)完成 PLC 接线。
(3)编写三地控制一盏灯 PLC 梯形图程序并调试。
(4)完成 PLC 程序与外接低压电器通电调试。

(一)控制功能分析

(1)输入条件:用 3 个开关。
(2)输出条件:用一个输出点控制一盏灯。
(3)控制功能:在任何状态下,拨动任一开关,灯的工作状态改变。

(二)PLC 选型

PLC 选择欧姆龙 CP1H。

(三)I/O 分析与分配

(1)输入:3 个开关,SA1、SA2、SA3,分配输入点 0.00、0.01、0.02;输入点共 3 个。
(2)输出:接触器 1(KM1),分配 100.00;如果电灯功率小于 150W,可直接用输出点接电灯;如果电灯功率超过 150W,通过接触器控制电灯,防止过载烧坏输出点。

I/O 分配表见 3 - 2。

表 3 - 2　三地控制一盏灯 I/O 分配表

输入 I			输出 O		
名称	地址	注释	名称	地址	注释
SA1	0.00	开关一	KM1	100.00	接触器 1
SA2	0.01	开关二			
SA3	0.02	开关三			

(四)电路设计

按图 3 - 17 连接电路。先接好 PLC 部分电路,调试确认无误后,再连接主回路进行调试。

94

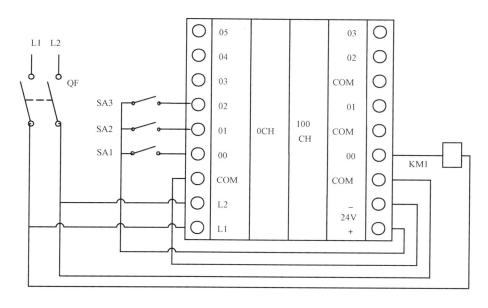

图 3-17 三地控制一盏灯 PLC 接线图

(五)程序设计

1. 程序设计方法一

(1)真值表设计。根据工艺要求做出真值表。真值表见表 3-3。

表 3-3 3 个开关控制一盏灯真值表

序号	输入 I			输出 O
	0.00(SA1)	0.01(SA2)	0.02(SA3)	100.00(KM1)
1	0	0	0	0
2	0	0	1	1
3	0	1	0	1
4	0	1	1	0
5	1	0	0	1
6	1	0	1	0
7	1	1	0	0
8	1	1	1	1

(2)根据真值表,写出逻辑表达式,并化简。

$$KM1 = \overline{SA2} \cdot \overline{SA1} \cdot SA0 + \overline{SA2} \cdot SA1 \cdot \overline{SA0} + SA2 \cdot SA1 \cdot SA0$$
$$= \overline{SA2}(\overline{SA1} \cdot SA0 + SA1 \cdot \overline{SA0}) + SA2(\overline{SA1} \cdot \overline{SA0} + SA1 \cdot SA0)$$

(3)梯形图程序见图 3-18。

说明:输入用 0.00 接开关一、0.01 接开关二、0.02 接开关三;通过 100.00 端子连接接触器 KM1,由接触器控制电灯。

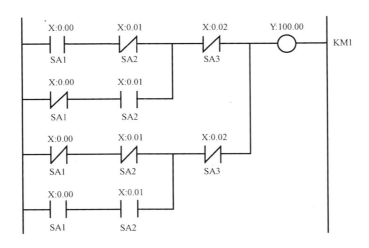

图 3 - 18　3 个开关控制一盏灯梯形图程序

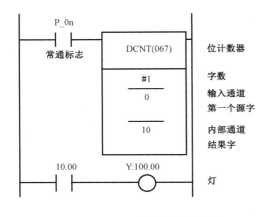

图 3 - 19　DCNT 指令梯形图程序

2. 程序设计方法二

（1）真值表设计。根据工艺要求做出真值表。

（2）利用 DCNT 指令,完成程序设计。

功能:可以实现通道 0 中所有外接开关来控制一盏灯。梯形图程序见图 3 - 19。

3. 调试

（1）仿真调试:编译程序,进行仿真调试。

（2）配线。

按图 3 - 17 连接导线。先接好 PLC 接线图,调试正常后,再连接主回路。

（3）调试。

调试顺序:先断开主回路,调试 PLC 部分正常后,再接通主回路。

二、简易四路抢答器程序设计与调试

任务描述:

(1)完成 I/O 分配表。

(2)完成 PLC 接线。

(3)完成四路抢答器梯形图设计并调试。

(4)完成 PLC 程序与外接低压电器安装、调试。

（一）控制要求

功能分析:主持人控制抢答开始,如果主持人没按开始按钮,则犯规,开始指示灯闪烁,同时抢答选手指示灯亮。主持人按下按钮后,开始指示灯亮,选手抢答有效,抢答到的选手指示灯常亮。以上几种情况指示灯发光时,直到按下复位按钮后,才停止发光。

(二)PLC 选型

PLC 选择欧姆龙 CP1H。

(三)I/O 分析与分配

(1)输入:6 个按钮 SB1、SB2、SB3、SB4、SB5、SB6,分配输入点 0.00 ~ 0.05;输入点共 6 个。

(2)输出:抢答开始指示灯 1 个,4 个选手抢答指示灯 4 个,分配输出点分别为 100.00、100.01、100.02、100.03、100.04。

I/O 分配见表 3 − 4。

表 3 − 4　四路抢答器 I/O 分配表

序号	输入 I			输出 O		
	名称	地址	注释	名称	地址	注释
1	SB1	0.00	1 号抢答按钮	HL1	100.00	1 号抢答指示灯
2	SB2	0.01	2 号抢答按钮	HL2	100.01	2 号抢答指示灯
3	SB3	0.02	3 号抢答按钮	HL3	100.02	3 号抢答指示灯
4	SB4	0.03	4 号抢答按钮	HL4	100.03	4 号抢答指示灯
5	SB5	0.04	开始按钮	HL5	100.04	开始指示灯
6	SB6	0.05	复位按钮			

(四)电路设计

依据控制要求分析,输入接 6 个按钮,输出接 5 个指示灯,PLC 接线如图 3 − 20 所示。先接好 PLC 部分电路,调试确认无误后,再连接主回路进行调试。

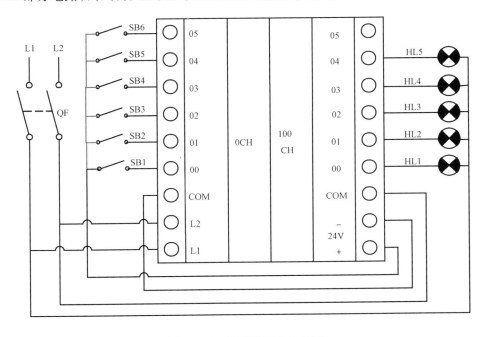

图 3 − 20　抢答器 PLC 接线图

(五)程序设计

1. 常规程序设计

(1)主持人控制程序,见图3-21。

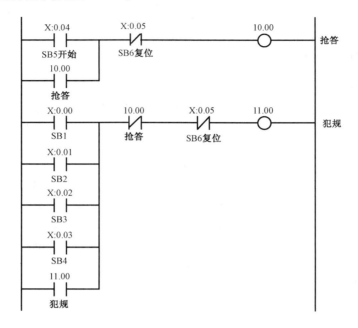

图3-21　抢答器梯形图程序

(2)正常情况程序,见图3-22。

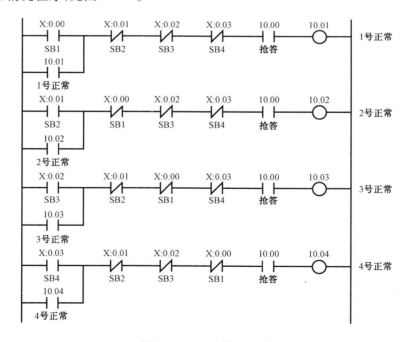

图3-22　正常情况程序

（3）犯规情况程序，见图 3 - 23。

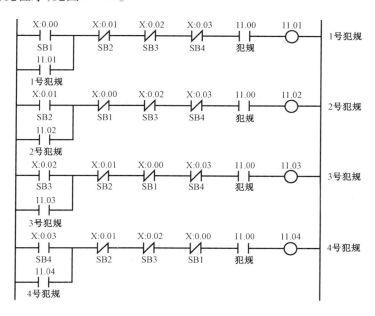

图 3 - 23　犯规情况程序

（4）输出部分程序，见图 3 - 24。

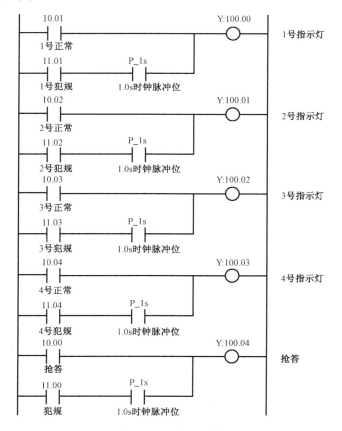

图 3 - 24　输出程序

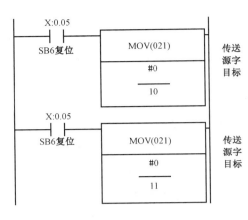

图 3-25 复位梯形图程序

2. 以 MOV 指令为中心的程序设计

在上述程序中加入复位程序，把上述程序中的正常和犯规抢答程序用本部分程序代替，如果程序复杂，用 MOV 指令的优点就体现出来了，主要优点是一次完成多个输入和输出，不容易出现问题。

（1）复位程序设计，见图 3-25。

（2）正常和犯规抢答程序部分（MOV 指令应用），见图 3-26。

3. 调试

（1）仿真调试：编译程序，进行仿真调试。

（2）配线。

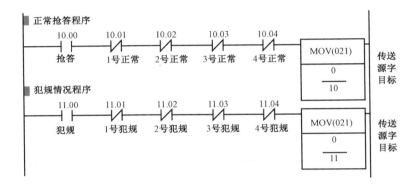

图 3-26 MOV 指令应用

按图 3-20，连接导线。先接好 PLC 接线图，调试正常后，再连接主回路。

（3）调试。

调试顺序：先断开主回路，调试 PLC 部分正常后，再接通主回路。

 能力拓展

一、三菱 PLC 几个指令

（一）交替输出指令

交替输出指令 ALT(P) 的编号为 FNC66，用于实现由一个按钮控制负载的启动和停止。如图 3-27 所示，当 X0 由"OFF"到"ON"时，Y0 的状态将改变一次。若用连续的 ALT 指令，则每个扫描周期 Y0 均改变一次状态。电目标操作数 [D.] 可取 Y、M 和 S。ALT 为 16 位运算指令，占 2 个程序步。

（二）ON 位数统计和 ON 位判别指令

1. ON 位数统计指令 SUM

[D.]SUM(P) 指令的编号为 FNC43。该指令是用来统计指定元件中 1 的个数。如图 3-

28 所示,当 X0 有效时执行 SUM 指令,将源操作数〔S.〕D0 中 1 的个数送入目标操作数〔D. 2〕D2 中,若 D0 中没有 1,则零标志 M8020 将置 1。

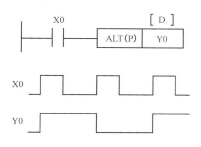

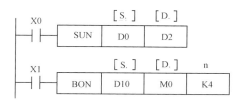

图 3 - 27   交替输出指令的使用   图 3 - 28   ON 位数统计和 ON 位判别指令的使用

使用 SUM 指令时应注意:

(1)源操作数可取所有数据类型,目标操作数可取 KnY、KnM、KnS、T、C、D、V 和 Z。

(2)16 位运算时占 5 个程序步,32 位运算时占 9 个程序步。

2. ON 位判别指令 BON

(D)ON 位判别微分指令 BON(P)指令的编号为 FNC44。它的功能是检测指定元件中的指定位是否为 1。如图 3 - 28 所示,当 X1 为有效时,执行"BON"指令,由 K4 决定检测的是源操作数 D10 的第 4 位,当检测结果为 1 时,目标操作数 M0 = 1,否则 M0 = 0。

使用 BON 指令时应注意:

(1)源操作数可取所有数据类型,目标操作数可取 Y、M 和 S。

(2)16 位运算时占 7 程序步,n = 0 ~ 15;22 位运算时占 12 个程序步,n = 0 ~ 21。

(三)传送类指令

(D)MOV(P)指令的编号为 FNC12,该指令的功能是将源数据传送到指定的目标。如图 3 - 29 所示,当 X0 为"ON"时,则将〔S.〕中的数据 K100 传送到目标操作元件〔D.〕即 D10 中。在指令执行时,常数 K100 会自动转换成二进制数。当 X0 为"OFF"时,指令不执行,数据保持不变。

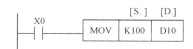

图 3 - 29   传送指令的使用

使用应用 MOV 指令时应注意:

(1)源操作数可取所有数据类型,标操作数可以是 KnY、KnM、KnS、T、C、D、V、Z。

(2)16 位运算时占 5 个程序步,22 位运算时占 9 个程序步。

二、最简单的单按钮启停程序

(1)I/O 分配表,见表 3 - 5。

表 3 - 5   单按钮启停程序 I/O 分配表

输入 I			输出 O		
名称	地址	注释	名称	地址	注释
SB1	X0	按钮	KM1	Y0	接触器

（2）单按钮启停程序见图 3 - 30。

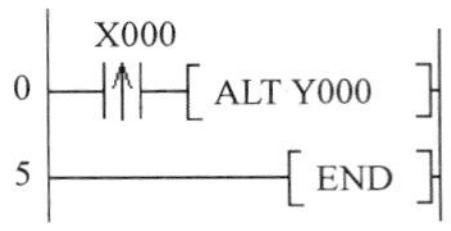

```
      X000
0   ─┤↑├─         ─[ ALT Y000 ]─

5                 ─[ END ]─
```

图 3 - 30   单按钮启停程序梯形图

三、4 个开关控制一盏灯程序

（1）I/O 分配表,见表 3 - 6。

表 3 - 6   4 个开关控制一盏灯程序 I/O 分配表

序号	输入 I			输出 O		
	名称	地址	注释	名称	地址	注释
1	SB1	X0	按钮 1	YL	Y0	灯
2	SB2	X1	按钮 2			
3	SB3	X2	按钮 3			
4	SB4	X3	按钮 4			

（2）四个按钮分别控制室盏灯程序,见图 3 - 31。

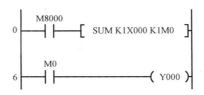

图 3 - 31   4 个开关控制一盏灯梯形图

四、多路抢答器程序设计

（1）I/O 分配表,见表 3 - 7。

表 3 - 7   四路抢答器程序 I/O 分配表

序号	输入 I			输出 O		
	名称	地址	注释	名称	地址	注释
1	SB1	X0	1 号抢答按钮	HL1	Y0	1 号抢答指示灯
2	SB2	X1	2 号抢答按钮	HL2	Y1	2 号抢答指示灯
3	SB3	X2	3 号抢答按钮	HL3	Y2	3 号抢答指示灯
4	SB4	X3	4 号抢答按钮	HL4	Y3	4 号抢答指示灯
5	SB5	X4	开始按钮	HL5	Y4	开始指示灯

（2）梯形图程序设计,见图 3 - 32。

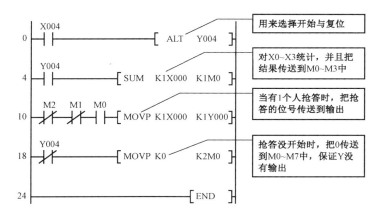

图 3-32 多路抢答器梯形图程序

 评分标准

序号	考核内容	评分要素	配分	评分标准	得分
1	准备工作	1. 正确选择工具与仪表 2. 正确选择低压电器	5	1. 正确选择工具与仪表,每选错一次扣 2 分 2. 正确选择低压电器,每选错一个扣 5 分	
2	I/O 分配	正确分配输入、输出点	5	I/O 分配表,每错一处扣 5 分	
3	接线图	1. 正确画出 PLC 接线图 2. 正确画出主电路接线图	20	1. 绘制 PLC 接线图,每错一处扣 2 分 2. 绘制主电路接线图,每错一处扣 3 分	
4	安装接线	1. 学会元件选择 2. 元件布局合理 3. 安装符合要求 4. 布线合理美观	20	1. 元件选择、布局不合理,每处扣 3 分 2. 元件安装不牢固,每处扣 3 分 3. 布线不合理、不美观,每处扣 3 分	
5	程序设计	1. 正解输入程序 2. 正确编辑程序 3. 正确传送程序 4. 正确调试程序	50	1. 按要求编写程序,每错一处扣 5 分 2. 完成控制功能,按总控制功能的百分比例扣分 3. 正确上传程序,每错一处扣 2 分 4. 不会仿真调试,扣 5 分	
6	安全生产	穿工服、绝缘鞋及遵守安全操作规程		1. 不穿工服,从总分中扣 2 分 2. 不穿绝缘鞋,从总分中扣 2 分 3. 其他违反安全操作规程,每次扣 2 分 4. 损坏仪器仪表,从总分中扣 5 分 5. 掉落物品,每次从总分中扣 3 分	

任务 2　交通信号灯控制

 任务来源

(1)交通信号灯是典型的 PLC 程序设计实例,主要依据时间规律完成控制黄、绿、红灯光的变化规律完成设计。

(2)依据时间规律变化进行编程,是编程常常采用的方法,方便程序设计,逻辑性强。

🦋 学习目标

(1)学会时序图的逻辑分析。

(2)学会利用定时器等基本指令完成控制程序设计。

🦋 知识链接

PLC 程序设计时,常常需要依据时间规律而完成各种控制功能。对于这类程序,首先依据逻辑关系进行分析,找出各元件依据时间变化的规律,再依据时间变化规律、逻辑分析,最终完成程序设计。

一、时序图概念

依据时间规律绘制的动作示意图,见图 3 – 33。

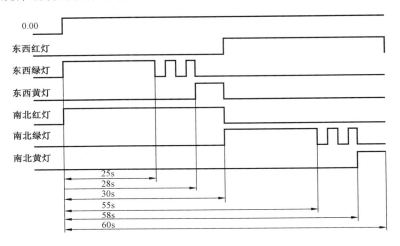

图 3 – 33 十字路口交通信号灯控制时序图

二、时序图分析

时序图优点很多,主要是能直观反映出输出根据时间变化的情况,一般情况下,根据时间有规律的变化时,再利用时序图法进行分析。时序图(图 3 – 33)的横向表示时间,纵向表示输出,中间部分表示输出动作情况。

(1)横向表示时间,输出有变化的用时间表示出来,无变化部分不必表示出来。

(2)纵向表示输出的动作情况。如"东西红灯"在 0.00 为"1"时,前半个周期不动作("0"),后半个周期动作("1"),以后进行周期性变化,直至 0.00 为"0",所有输出为"0"。

🦋 任务实施

任务描述:

(1)完成 I/O 分配表。

(2)完成 PLC 接线。

(3)依据图 3 – 33,编写交通信号灯的 PLC 梯形图程序并调试。

(4)完成 PLC 程序与外接低压电器通电调试。

一、控制功能分析

根据交通信号灯控制时序图分析,启动开关 0.00 接通时,交通信号灯系统开始工作,红、绿、黄灯按一定时序开始工作。首先是南北红灯亮 30s,其间东西绿灯亮 25s 后,绿灯闪烁 3s灭,而后黄灯亮 2s 灭;然后南北绿灯亮 25s 后闪 3s 灭,黄灯亮 2s 灭,其间东西红灯亮 30s。如此,周而复始的循环,直至 0.00 为"0"。当启动开关断开时,所有交通信号灯灭。

二、PLC 选型

PLC 选择欧姆龙 CP1H。

三、I/O 分析与分配

(1)输入:一个开关(SA1),分配输入点 0.00;输入点共 1 个。

(2)输出:红灯、绿灯、黄灯各 2 个,分配输出点分别为 100.00、100.01、100.02、100.03、100.04、100.05。

I/O 分配表见表 3 – 8。

表 3 – 8　交通信号灯 I/O 程序分配表

输入 I			输出 O		
名称	地址	注释	名称	地址	注释
SA1	0.00	控制开关	YH0	100.00	东西红
			YH1	100.00	东西绿
			YH2	100.02	东西黄
			YH3	100.03	南北绿
			YH4	100.04	南北黄
			YH5	100.05	南北红

四、电路设计

交通信号灯是常见的依据时序时行变化的典型案例,按图 3 – 34 连接电路。先接好 PLC部分电路,调试确认无误后,再连接主回路进行调试。

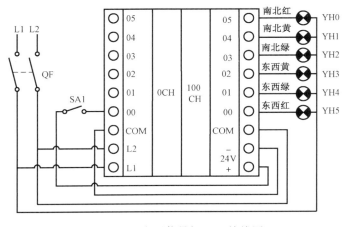

图 3 – 34　交通信号灯 PLC 接线图

五、程序设计

(一)程序设计

编程分析采用时序图法。从时序图中确定所需的定时器个数,分配定时器编号,确定各定时器的设定值。并确定定时器在状态转换点时发出的控制信号。

首先按控制要求画出交通信号灯控制时序图。根据各输入、输出信号之间的时序关系,画出输入和输出信号的工作时序图。把时序图划分成若干个区段,确定各区段的时间长短。找出区段间的分界点,弄清分界点处各输出信号状态的转换关系和转换条件。在这个交通信号灯的控制循环有 6 个时间分界点分别为 25s、28s、30s、55s、58s、60s。在这 6 个分界点处交通信号灯的状态将发生变化,60s 作为循环计时。

(1)控制程序时间部分用 6 个定时器完成 6 个时间分界点的确定,后面程序动作依据此时间分界线进行,梯形图如图 3 - 35 所示。

(2)控制输出程序部分:程序中应用了特殊辅助继电器(SR),25502:发出 1s 脉冲。程序如图 3 - 36 所示。

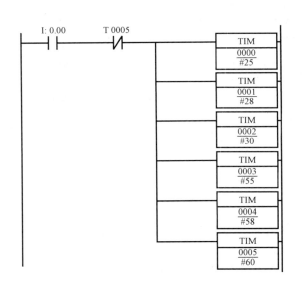

图 3 - 35　交通信号灯控制程序定时部分

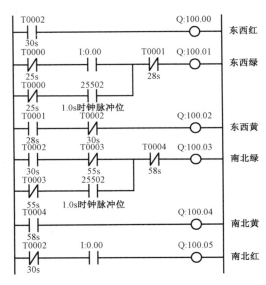

图 3 - 36　交通信号灯控制输出程序部分

(二)调试

(1)仿真调试:编译程序,进行仿真调试。

(2)配线。

按图 3 - 34 连接导线。先接好 PLC 接线图,调试正常后,再连接主回路。

(3)调试。

调试顺序:先断开主回路,调试 PLC 部分正常后,再接通主回路。

能力拓展

一、三菱 FX2N 系列 PLC 计数器

FX2N 系列机型的计数器可分为内部计数器和高速计数器两类。

内部计数器是在执行扫描操作时对内部信号(如 X、Y、M、S、T 等)进行计数。内部输入信号的接通和断开时间应比 PLC 的扫描周期稍长。

16 位增计数器(C0 ~ C199),共 200 点,其中 C0 ~ C99 为通用型,C100 ~ C199 为断电保持型(断电保持型即断电后能保持当前值,待通电后继续计数)。这类计数器为递加计数,应用前先对其设置一设定值,当输入信号(上升沿)个数累加到设定值时,计数器动作,其动合触点闭合、动断触点断开。计数器的设定值为 1 ~ 22767(16 位二进制),设定值除了用常数 K 设定外,还可间接通过指定数据寄存器设定。

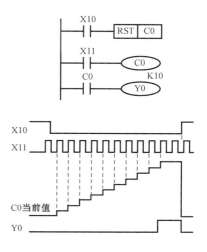

下面举例说明通用型 16 位增计数器的工作原理。如图 3 - 37 所示,X10 为复位信号,当 X10 为 ON 时 C0 复位。X11 是计数输入,每当 X11 接通一次计数器,当前值增加 1(注意:X10 断开,计数器不会复位)。当计数器计数当前值为设定值 10 时,计数器 C0 的输出触点动作,Y0 被接通。此后即使输入 X11 再接通,计数器的当前值也保持不变。当复位输入 X10 接通时,执行"RST"复位指令,计数器复位,输出触点也复位,Y0 被断开。

图 3 - 37 通用型 16 位增计数器

二、主控指令(MC/MCR)

(1)MC(主控指令):用于公共串联触点的连接。指令条件满足,执行 MC 指令,左母线移到 MC 触点的后面。

(2)MCR(主控复位指令):它是 MC 指令的复位指令,即利用 MCR 指令恢复原左母线的位置。

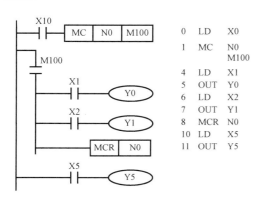

图 3 - 38 主控指令的使用

在编程时常会出现多个线圈同时受一个或一组触点控制的情况,如果在每个线圈的控制电路中都串入同样的触点,将占用很多存储单元,使用主控指令可以解决这一问题。MC、MCR 指令的使用如图 3 - 38 所示,利用指令 MC 中 N0、M100 实现左母线右移,使 Y0、Y1 都在 X0 的控制之下,其中 N0 表示嵌套等级,在无嵌套结构中 N0 的使用次数无限制;利用 MCR 中 N0 恢复到原左母线状态。如果 X0 断开则会跳过 MC、MCR 之间的指令向下执行。

(3)MC、MCR 指令的使用说明:

① MC、MCR 指令的目标元件为 Y 和 M，但不能用特殊辅助继电器。MC 占 3 个程序步，MCR 占 2 个程序步。

② 主控触点在梯形图中与一般触点垂直(如图 3 - 38 中的 M100)。主控触点是与左母线相连的动合触点，是控制一组电路的总开关。与主控触点相连的触点必须用 LD 或 LDI 指令。

③ MC 指令的输入触点断开时，在 MC 和 MCR 之内的积算定时器、计数器、用复位/置位指令驱动的元件保持其之前的状态不变。非积算定时器和计数器，用"OUT"指令驱动的元件将复位，如图 3 - 38 所示，当 X0 断开时，Y0 和 Y1 变为"OFF"。

④ 在一个 MC 指令区内若再使用 MC 指令称为嵌套。嵌套级数最多为 8 级，编号按 N0→N1→N2→N3→N4→N5→N6→N7 顺序增大，每级的返回用对应的 MCR 指令，从编号大的嵌套级开始复位。

三、计数器的应用

PLC 控制彩灯闪烁电路系统见图 3 - 39。

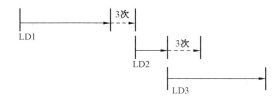

图 3 - 39　PLC 控制彩灯闪烁系统示意图

(1)彩灯电路受启动开关 S01 控制，当 S01 接通时，彩灯系统 LD1 ~ LD3 开始按顺序工作；当 S01 断开时，彩灯全熄灭，I/O 分配见表 3 - 9。

表 3 - 9　彩灯控制系统 I/O 分配表

输入 I			输出 O		
名称	地址	注释	名称	地址	注释
S01	X00	启动开关	LD1	Y00	彩灯 1
			LD2	Y01	彩灯 2
			LD3	Y02	彩灯 3

(2)彩灯工作循环：LD1 彩灯亮，延时 8s 后闪烁三次(每一周期为亮 1s 熄 1s)，LD2 彩灯亮，延时 3s 后，LD3 彩灯亮；期间 LD2 彩灯闪烁三次；LD3 彩灯在 LD2 闪烁三次后，延时 10s，10s 后进入循环，直至 S01 断开，彩灯闪烁停止。

项目二　PLC 典型控制系统的安装与调试

PLC 程序设计常用的几种方式有语句表、梯形图、SFC 功能图等几种，其中梯形图是基础，而 SFC 功能图是 PLC 顺序控制程序设计的主要方法，最能体现 PLC 程序设计的特色。PLC 的顺序控制是 PLC 典型的控制，在很多典型控制中都是一步完成一个动作，依次完成整个工作，然后不断循环。在 PLC 典型顺序控制系统中，很多程序设计中都采用了 SFC 功能图的方式进行设计。

任务 1　台车多地顺序控制系统的编程、安装与调试

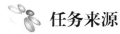**任务来源**

在工业控制中常用机构顺序控制,而台车多点顺序控制是其中的典型案例,工业控制中很多控制都与台车运动类似,如机床中的刀具进给控制等。在工业控制领域中,顺序控制系统的应用很广,尤其在机械行业,几乎都利用顺序控制实现加工的自动循环。

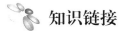**学习目标**

(1)掌握 PLC 顺序控制程序设计方法。
(2)学会用 SFC 功能图,完成台车多地控制程序设计。
(3)学会用多种方法与功能指令完成台车多地控制程序设计。

知识链接

一、概述

一个控制系统常常可以分解成几个独立的控制动作,这些动作严格按照一定的顺序执行,以保证生产过程的正常运行,这样的控制系统称为顺序控制系统,在 PLC 程序设计中称为步进控制系统,其控制特点是根据要求一步一步按顺序进行动作。

顺序控制设计法是针对顺序控制系统的一种专门的设计方法。这种设计方法很容易被初学者接受,也有助于有经验的工程师提高设计效率,程序的调试、修改和阅读也很方便。PLC 的设计者们为顺序控制系统的程序设计从编程软件和 PLC 硬件上实现提供了支持,同时开发了专门供编制顺序控制程序用的功能表图,使这种先进的设计方法成为当前 PLC 程序设计的主要方法。

二、功能表图的绘制

根据以上分析和被控对象工作内容、步骤、顺序和控制要求画出功能表图。绘制功能表图是顺序控制设计法中最为关键的一个步骤。功能表图又称做状态转移图,它是描述控制系统的控制过程、功能和特性的一种图形,也是设计 PLC 的顺序控制程序的有力工具。功能表图并不涉及所描述的控制功能的具体技术,它是一种通用的技术语言,可以用于进一步设计和不同专业的人员之间进行技术交流。

各个 PLC 厂家都开发了相应的功能表图,各国家也都制定了功能表图的国家标准。我国于 1986 年颁布了 GB 6988.6—1986《电气制图 功能表图》(已作废),现行标准 GB/T 21654—2008《顺序功能表图用 GRAFCET 规范语言》。

如图 3-40 所示为功能表图的一般形式,它主要由步(流程步)、有向连线、转换、转换条件和动作(状态)组成。

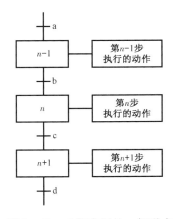

图 3-40　功能表图的一般形式

（一）步与动作

1. 步

在功能表图中用矩形框表示步,方框内是该步的编号。如图 3 - 40 所示各步的编号为 n - 1、n、n + 1。编程时一般用 PLC 内部编程元件来代表各步,因此经常直接用代表该步的编程元件的元件号作为步的编号,如 10.00 等,便于根据功能表图设计梯形图。

2. 初始步

系统开始的状态为初始状态,相对应的步称为初始步。初始状态一般是系统等待起动命令的相对静止状态,也就是机器开机后自动进入的等待状态。初始步用双线方框表示,每一个功能表图至少应该有一个初始步(图 3 - 41)。

3. 动作

一个控制系统可以划分为被控系统和施控系统。被控系统是指在某一步中要完成某些"动作"或"状态";施控系统是指在某一步中向被控系统发出某些"命令"或"指令"("指令"或"命令"简称为"动作"),并用矩形框中的文字或符号表示,该矩形框应与相应的步的符号相连。如果某一步有几个动作,可以用如图 3 - 42 所示的两种画法来表示,但是图中并不隐含这些动作之间的任何顺序,他们之间的顺序可由步中的梯形图完成。

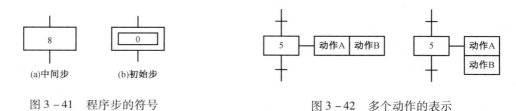

图 3 - 41　程序步的符号　　　　图 3 - 42　多个动作的表示

常见的动作的种类如下:
(1)动作不自锁,步结束时动作就结束。
(2)动作自锁,步结束时还继续保持,直到复位到达。
(3)复位作用,动作的任务是复位以前的自锁动作。
(4)起动定时器,定时器可以在步结束时或时间复位信号到达时结束。
(5)脉冲作用,当步开始时激活脉冲,该脉冲只作用一次。
(6)在时间延迟之后,启动自锁和定时器,直到复位信号到达。
(7)当步被激活时,自锁和定时器启动,直到定时时间到达和复位信号到达。
(8)起动功能指令,完成特定的动作。

4. 活动步

当系统正执行到某一步时,该步便处于活动(执行)状态,称该步为"活动步"。步处于活动状态时,相应的动作被执行。执行到下一步时,该步为不活动步,动作也停止执行。

（二）有向连线、转换与转换条件

1. 有向连线

在功能表图中,随着时间的推移和转换条件的改变,将会发生步的活动状态的变化,这种变化按有向连线的路线和方向进行。在画功能表图时,将代表各步的方框按它们成为活动步的先后次序顺序排列,并用有向连线将它们连接起来。活动状态的进展方向习惯上是从上到下,有向连线方向可省略。如果不是上述方向,应在有向连线上用箭头注明进展方向。

2. 转换

转换用有向连线上的短画线表示,转换将相邻的步与步分隔开。步的活动状态的执行是由转换的实现来完成的,并与控制过程的变化相对应。

3. 转换条件

转换条件是与转换相关的逻辑条件,转换条件可以用文字语言、布尔代数表达式或图形符号标注在表示转换的短线旁边。

(三)功能表图的基本结构

1. 单序列

单序列由一系列相继激活的步组成,每一步的后面仅接有一个转换,每一个转换的后面只有一个步,如图 3 – 43(a)所示。

2. 选择序列

选择序列的开始称为分支,如图 3 – 43(b)所示,转换符号只能标在水平连线之下。如果步 2 是活动的,并且转换条件 e = 1,则发生由步 5 至步 6 的进展;如果步 5 是活动的,并且 f = 1,则发生由步 5 至步 9 的进展。在某一时刻一般只允许选择一个序列。

选择序列的结束称为合并,如图 3 – 43(c)所示。如果步 5 是活动步,并且转换条件 m = 1,则发生由步 5 至步 12 的进展;如果步 8 是活动步,并且 n = 1,则发生由步 8 至步 12 的进展。

3. 并行序列

并行序列的开始称为分支,如图 3 – 44(a)所示,当转换条件的实现导致几个序列同时激活时,这些序列称为并行序列。当步 4 是活动步,并且转换条件 a = 1,步 3、7、9 这三步同时变为活动步,同时步 4 变为不活动步。为了强调转换的同步实现,水平连线用双线表示。步 3、7、9 被同时激活后,每个序列中活动步的进展将是独立的。在表示同步的水平双线之上,只允许有一个转换符号。

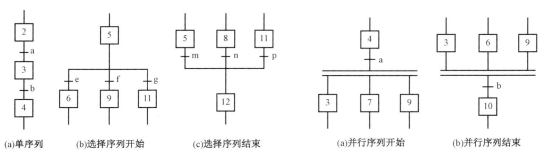

(a)单序列　　(b)选择序列开始　　(c)选择序列结束　　　(a)并行序列开始　　(b)并行序列结束

图 3 – 43　单序列与选择序列　　　　　　　图 3 – 44　并行序列

并行序列的结束称为合并,如图 3 – 44(b)所示,在表示同步的水平双线之下,只允许有一个转换符号。当直接连在双线上的所有前级步都处于活动状态,并且转换条件 b = 1 时,才会发生步 3、6、9 至步 10 的进展,即步 3、6、9 同时变为不活动步,而步 10 变为活动步。并行序列表示系统的几个同时工作的独立部分的工作情况。

4. 子步

如图 3-45 所示,某一步可以包含一系列子步和转换,通常这些序列表示整个系统的一个完整的子功能。子步的使用使系统的设计者在总体设计时容易抓住系统的主要矛盾,用更加简洁的方式表示系统的整体功能和概貌,而不是一开始就陷入某些细节之中。设计者可以从最简单的对整个系统的全面描述开始,然后画出更详细的功能表图,子步中还可以包含更详细的子步,使设计方法的逻辑性很强,减少设计中的错误,缩短总体设计和查错所需要的时间。

(四)转换实现的基本规则

1. 转换实现的条件

在功能表图中,步的活动状态的进展是由转换的实现来完成的。实现转换必须同时满足以下两个条件:

(1)该转换所有的前级步都是活动步。

(2)相应的转换条件得到满足。

如果转换的前级步或后续步不止一个,转换的实现称为同步实现,如图 3-46 所示。

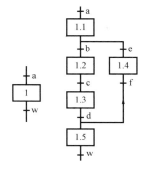

图 3-45　子步

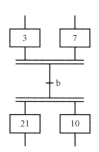

图 3-46　转换的同步实现

2. 转换实现应完成的操作

(1)使所有由有向连线与相应转换符号相连的后续步都变为活动步。

(2)使所有由有向连线与相应转换符号相连的前级步都变为不活动步。

(五)绘制功能表图应注意的问题

(1)两个步绝对不能直接相连,必须用一个转换将它们隔开。

(2)两个转换也不能直接相连,必须用一个步将它们隔开。

(3)功能表图中,初始步是必不可少的,一般对应于系统等待起动的初始状态,这一步可能没有什么动作执行,因此很容易遗漏。如果没有该步,无法表示初始状态,系统也无法返回停止状态。

(4)只有当某一步所有的前级步都是活动步时,该步才有可能变成活动步。如果用无断电保持功能的编程元件代表各步,则 PLC 开始进入"RUN"方式时各步均处于"0"状态,因此必须要有初始化信号,将初始步预置为活动步,否则功能表图中永远不会出现活动步,系统将无法工作。

(5)自动控制系统应能多次重复执行同一工艺过程,因此在顺序功能图中一般应有由步和有向连线组成的闭环,即在完成一次工艺过程的全部操作之后,应从最后一步返回初始步,系统停留在初始状态(单周期操作,在连续循环工作方式时,应从最后一步返回下一个工作周期开始运行的第一步)。

(6)在顺序功能图中,只有当某一步的前级步是活动步时,该步才有可能变成活动步。如果用没有断电保持功能的编程元件代表各步,进入"RUN"工作方式时,它们均处于"OFF"状态,必须用初始化脉冲的动合触点作为转换条件,将初始步预置为活动步,否则因顺序功能图中没有活动步,而导致程序不能开始。

三、顺序控制设计法的梯形图编程方式

梯形图的编程方式是指根据功能表图设计出梯形图的方法。为了适应各厂家的 PLC 在编程元件、指令功能和表示方法上的差异,下面主要介绍使用基本指令的编程方式、以转换为中心的编程方式、使用 STL 指令的编程方式和仿 STL 指令的编程方式。

为了便于分析,我们假设刚开始执行用户程序时,系统已处于初始步(初始化脉冲或称为第一循环标志,在系统工作时,将初始步激活),代表其余各步的编程元件均为"OFF",为转换的实现做好了准备。

(一)使用基本指令的编程方式

编程时用辅助继电器来代表步。某一步为活动步时,对应的辅助继电器为"1"状态,转换实现时,该转换的后续步变为活动步。由于转换条件大都是短信号,即它存在的时间比它激活后续步为活动步的时间短,因此应使用有记忆(保持)功能的电路来控制代表步的辅助继电器。属于这类的电路有"起保停电路"和具有相同功能的使用 SET、RST 指令的电路。

SFC 功能图在一般 PLC 梯形图中是不能执行的,为使其能在梯形图中执行,必须把功能图转换为梯形图,如图 3－47 所示。通过分析可以发现,每一步启动至少需要两个条件,一是上一步必须为活动步,二是本步的转换条件满足(启动);停止条件至少是一个,下一步为活动步时,本步自动停止执行。

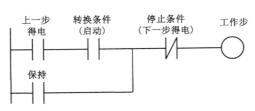

图3－47 使用基本指令的编程方式示意图

编程的关键是找出程序的启动条件和停止条件。根据转换实现的基本规则,满足相应的转换条件,而转换的前级步为活动步,所以步 N_i 变为活动步的条件是 N_i-1 为活动步,并且转换条件 $X_i=1$,在梯形图中应将 N_i-1 和 X_i 的动合触点串联后作为控制 N_i 的启动电路,如图 3－48(b)所示。当 N_i 和 X_i+1 均为"1"状态时,步 N_i+1 变为活动步,这时步 N_i 应变为不活动步,因此可以将 $N_i+1=1$ 作为使 N_i 变为"0"状态的条件,即将 N_i+1 的动断触点与 N_i 的线圈串联,如图 3－48 所示。

这种编程方法只与使用的触点和线圈的基本指令有关,所以称为使用基本指令的编程方式,适用于任意型号的 PLC。

(二) 程序循环

程序从上到下执行,到最后一步时,程序必须要再回到初始步才能重新执行第一步,因而,程序循环用于一个顺序过程的反复执行,结构示意如图 3-49 所示。

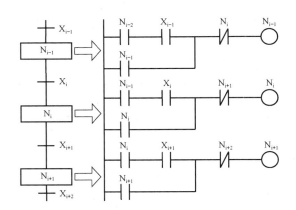

图 3-48 基本指令 SFC 转换梯形图程序示意图   图 3-49 循环结构示意图

绘制顺序功能图的注意事项:

(1)下步启动时本步动作自动结束。

(2)初始脉冲作用是当步开始时激活脉冲,该脉冲在整个程序中只作用一次。

(3)步和步之间必须有转移条件隔开。

(4)转移和转移之间必须有步隔开。

(5)步和转移、转移和步之间用有向线段连接,正常画 SFC 功能图的方向是从上向下或是从左向右,按照正常顺序画图时,有向线段可以不加箭头,否则必须加箭头。

四、液压滑台系统的功能表图

(一) 绘制功能表图

如图 3-50 所示,工作的步是根据 PLC 输出动作的变化来划分的,在同一步之内,所有输出元件状态不变。步的这种划分方法使代表各步的编程元件与 PLC 各输出状态之间保持了一种极为简单的逻辑关系。

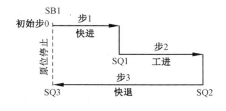

图 3-50 步的划分

某组合机床液压滑台进给运动如图 3-50 所示,其工作过程分成"原位""快进""工进""快退"四步,相应的转换条件为 SB1、SQ1、SQ2、SQ3。液压滑台系统各液压元件动作情况如表 3-10 所示。根据上述功能表图的绘制方法,液压滑台系统的功能表图如图 3-51(a)所示。

表 3-10　液压元件动作表

工步	YV1	YV2	YV3
原位	-	-	-
快进	+	-	-
工进	+	-	+
快退	-	+	-

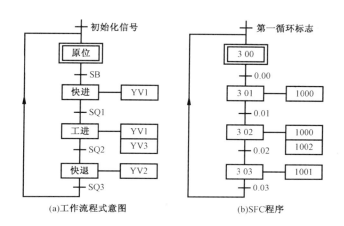

图 3-51　液压滑台系统的功能表图

如果 PLC 已经确定,可直接用编程元件 3.00～3.03(欧姆龙 CPM 系列)来代表这四步,设输入/输出设备与 PLC 的 I/O 点对应关系如表 3-11 所示,则可直接画出如图 3-51(b)所示的功能表图接线图,图中 M8002 为 FX 系列 PLC 产生初始化脉冲的特殊辅助继电器。

表 3-11　机床液压滑台系统 I/O 分配表

输入 I			输出 O		
输入设备	地址	注释	输出设备	地址	注释
SB	0.00	启动按钮	YV1	1000	快进电磁阀
SQ1	0.01	快进工进转换行程开关	YV2	1001	工进电磁阀
SQ2	0.02	工进结束行程开关	YV3	1002	工进电磁阀
SQ3	0.03	初始位位置行程开关			

(二)功能表图转换为梯形图程序

将功能表图转换为梯形图程序时,遵循"分步控制,集中输出"的原则,这样控制不易出现问题,方便操作。如图 3-52 所示是根据液压滑台系统的功能表图[图 3-51(b)]使用基本指令编写的梯形图。开始运行时必须先将"300"置为"1"变为活动步,否则系统无法工作,故第一循环标志的动合触点作为将 300 置为"1"的条件,300 的循环前级步为 303,后续步为 301,其余依此类推。

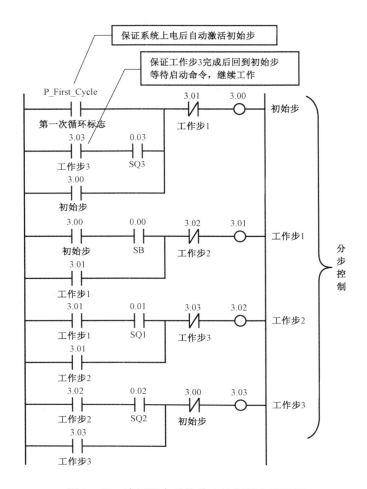

图 3 - 52　液压滑台系统分步控制部分梯形图

1. 分步控制

某一输出继电器仅在某一步中为"1"状态(如 Y1、Y2),可以将 Y1 线圈与 M303 线圈并联,Y2 线圈与 M302 线圈并联。看起来用这些输出继电器来代表该步(如用 Y1 代替 M303),可以节省一些编程元件,但 PLC 的辅助继电器数量充足、够用,且多用编程元件并不增加硬件费用,所以一般情况下全部用辅助继电器来代表各步,具有概念清楚、编程规范、梯形图易于阅读和容易查错的优点。

2. 集中输出

某工作步继电器为"1"时,即工作步变为活动步时,可用活动步继电器动合触点驱动该步的输出继电器,依此类推,不同的活动步驱动相关输出继电器的线圈。如 1000(YV1)在"快进""工进"步均为"1"状态,所以将 301 和 302 的动合触点并联后控制 Y0 的线圈。注意,为了避免出现双线圈现象,在双线圈输出情况时,1000 只按梯形图后面的 1000 状态输出,梯形图前面的 1000 个输出将不起作用,不能将 1000 线圈分别与 301 和 302 的线圈并联,见图3 - 53。

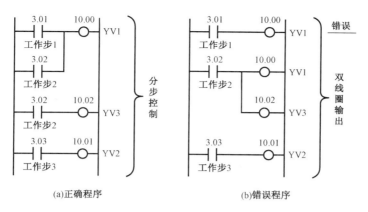

图 3 - 53 液压滑台系统集中输出部分梯形图

任务实施

任务描述:
(1)完成台车多点顺序控制 I/O 分配表。
(2)完成台车多点顺序控制 PLC 接线。
(3)编写台车多点顺序控制 PLC 梯形图程序并调试。
(4)完成台车多点顺序控制 PLC 程序与外接低压电器通电调试。

一、控制功能分析

(一)工艺要求

如图 3 - 54 所示,系统启动后,开关 0.00 接通时,台车从 1 号站开向 4 号站(运行过程中经过 2 号、3 号站),到达 4 号站后,驶向 2 号站,到达 2 号站后,驶向 3 号站,到达 3 号站后,驶向 1 号站,然后停止在 1 号站。

(二)控制分析

(1)按下启动按钮后,台车从 1 号站出发,依次到达 2 号、3 号、4 号、3 号、2 号、3 号、2 号、1 号站后停止。

(2)完成一个循环后停止在 1 号站,再次按下启动按钮后,台车再次完成上述循环。

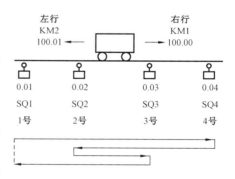

图 3 - 54 台车多点顺序控制示意图

二、PLC 选型

PLC 选择欧姆龙 CP1H。

三、I/O 分析与分配

(1)输入:启动按钮 1 个(SB1),分配输入点 0.00;
4 个位置开关,分配输入点 0.01、0.02、0.03、0.04,输入点共 5 个。
(2)输出:正反两个方向,分配 2 个输出点(右行 KM1、左行 KM2),分配输出点分别为 100.00、100.01。
I/O 分配表如表 3 - 12 所示。

表 3 - 12　台车多点顺序控制 I/O 分配表

输入 I			输出 O		
名称	地址	注释	名称	地址	注释
SB1	0.00	启动按钮	KM1	100.00	右行接触器
SQ1	0.01	1 号站位置开关	KM2	100.01	左行接触器
SQ2	0.02	2 号站位置开关			
SQ3	0.03	3 号站位置开关			
SQ4	0.04	4 号站位置开关			

四、电路设计

依据工艺要求及 I/O 分配表,选择低压电器如表 3 - 13,设计电路图如图 3 - 55 所示。

表 3 - 13　材料准备表

序号	名称	型号	数量	单位	备注
1	小型空气断路器	DZ47 - 63/3P C20	1	个	
		DZ47 - 63/2P C3	1	个	
2	接触器	CJX2 - 0910 380V	3	个	
3	按钮	LA4 - 3H	1	个	
4	热继电器	JR36 - 32/16	1	个	
5	位置开关	LX19 - 111	4	个	
6	端子排	TB - 1012	1	个	
		TB - 2506	1	个	
7	三相异步电动机	Y 系列:Y90S - 4	1	台	380V,1.1kW
8	PLC	欧姆龙 CP1H	1	台	

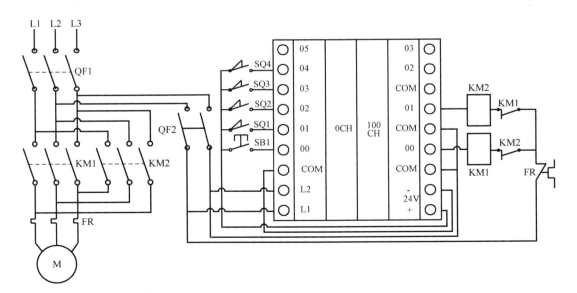

图 3 - 55　PLC 接线图

五、程序设计及调试

（一）程序设计

1. SFC 顺序功能图分析

依据工艺、控制分析及 I/O 分配表得出 SFC 顺序功能图，见图 3-56。

2. 梯形图设计——功能表图转换为梯形图

1）分步控制

（1）基本指令梯形图。

依据图 3-56，通过基本指令编写出梯形图 3-57。

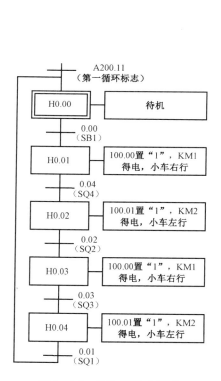

图 3-56　SFC 顺序功能图

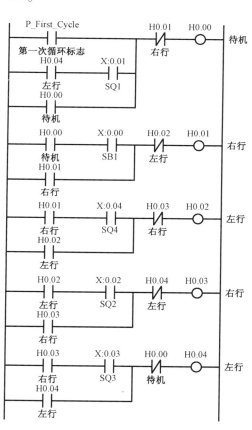

图 3-57　台车多点顺序控制梯形图

（2）SFT 指令梯形图。

SFT 指令符号见图 3-58。

指令功能：这条指令相当于一个串行输入的移位寄存器。在 CP 移位脉冲的控制下，将输入数据 I 由 St 最低位向 E 的最高位依次移入，即 I 每 ON 一次，左移 1 位，且数据输入状态放在 St 的最右边位中。当 St 和 E 的 IR 地址不在可用数据区时，ER 位 ON，其他情况下为 OFF。

图 3-58　SFT 指令符号

利用 SFT 指令完成顺序分步控制功能。系统启动利用"MOV"指令传送立即数"1"到 H0 通道中,初始步动作,然后根据移位信号把 H0 通道中的"1"向后移动,每触发一次移动一位,触发 4 次后,即 H0.04 为"1"时,等待到达 1 号站,到达 1 号站时,SQ1 为"1",这时把"1"再次传送到 H0.00(图 3 -59)。

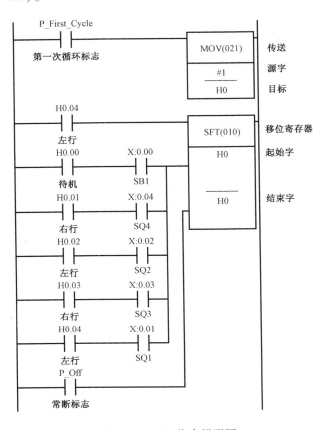

图 3 -59　SFT 指令梯形图

2)集中输出

把"右行"工作步 H0.01、H0.03 并联接到输出线圈 100.00,使台车向右行驶;把"左行"工作步 H0.02、H0.04 并联接到输出线圈 100.01,使台车向左行驶(图 3 -60)。

(二)调试

(1)仿真调试:编译程序,进行仿真调试。

(2)配线。

按图 3 -55 连接导线。先接好 PLC,调试正常后,再连接主回路。

(3)调试。

调试顺序:先断开主回路,调试 PLC 部分正常后,再接通主回路。

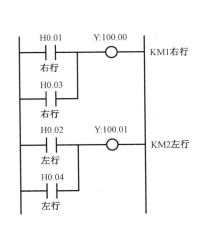

图 3 -60　集中输出梯形图

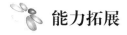 能力拓展

一、三菱 FX2N 系列 SFC 程序设计

(1)新建 SFC 程序必须在创建新工程中选择"SFC"程序,如图 3 –61 所示。

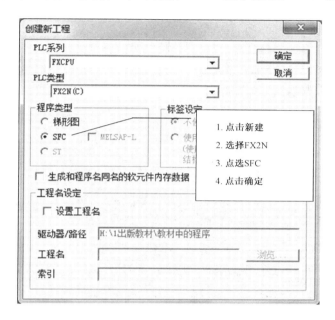

图 3 –61　三菱 SFC 程序

(2)双击"0"模块标题,写入块标题,点选"梯形图块",然后点击"执行",如图 3 – 62 所示。

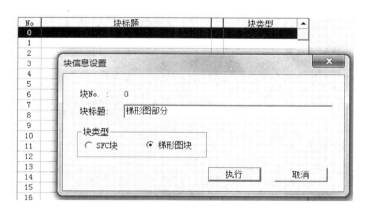

图 3 –62　梯形图模块设计

(3)在梯形图程序部分,首先要选择 M8002"初始化脉冲动合触点",即 PLC 开始接通电源时 M8002 动合触点动作一个机器扫描周期,直至下次 PLC 接通电源再次动作。在系统上电开始,把 S0 置"1",只有这样,才能进入到 SFC 程序中;在这部分可以进行梯形图部分,如自动/手动切换程序、故障处理程序等梯形图程序(图 3 –63)。

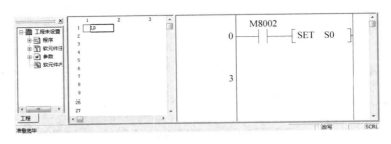

图 3 - 63　SFC 梯形图程序设计

（4）双击树形目录"MAIN"返回到模块，双击"模块 1"，进行块信息设置，填写块标题，点选块类型为 SFC，然后点击"执行"，进入 SFC 程序设计，点击步 0，可以在右侧进行梯形图编程，如图 3 - 64 所示。

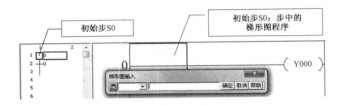

图 3 - 64　SFC 初始步程序

（5）转换条件设计。转换条件编程时，在梯形图部分，以线圈"TRAN"为输出，见图3 - 65。

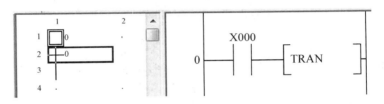

图 3 - 65　TRAN 程序示例

二、液压滑台系统 SFC 程序设计

（1）I/O 分配表，见表 3 - 14，输入 4 位，输出 3 位。

表 3 - 14　液压滑台系统 I/O 分配表

输入 I			输出 O		
名称	地址	注释	名称	地址	注释
SB1	X0	启动按钮	YV1	Y0	快进电磁阀
SQ1	X1	快进工进转换行程开关	YV2	Y1	工进电磁阀
SQ2	X2	工进结束行程开关	YV3	Y2	快退电磁阀
SQ3	X3	初始位位置行程开关			

（2）功能表图转换为 SFC 程序。

液压滑台系统功能表图见图 3 - 66。

依据图 3 - 66，完成 SFC 程序步的设计，0 步（原位）SFC 程序编辑见图 3 - 67。

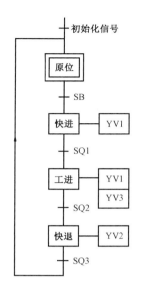

图 3 - 66 液压滑台系统
的功能表图

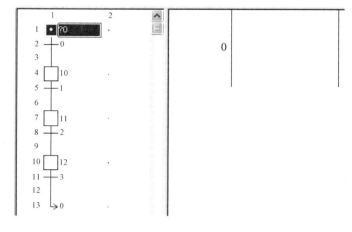

图 3 - 67 0 步 SFC 程序编程示意图

依据图 3 - 66 和 SFC 程序设计,完成转换条件的实现,软件操作见图 3 - 68。点击"条件 0",在右侧梯形图中分别输入条件"X000",然后直接键入"TRAN"即可。

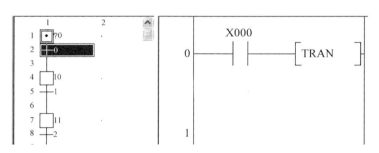

图 3 - 68 转换条件 0 操作示意图

依据图 3 - 66,点击"步 10",在右侧梯形图编程框中直接输入线圈"Y000",操作见图 3 - 69。

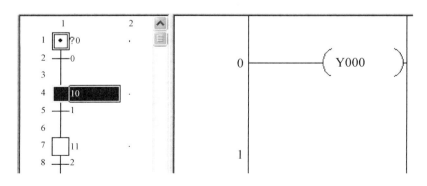

图 3 - 69 步 10 操作示意图

根据图3-66,完成整个程序的操作,其具体操作步骤如下:

① 设置"块0"为梯形图块,在右侧程序梯形图框中输入 $0\ \dashv\vdash^{M8002}\ [SET\ S0]$。

② 双击"块1"设置为SFC块。

③ 在"块1"中的SFC程序中编写完成整个SFC图,见图3-70。

④ 分别点击SFC中的步0、10、11、12和转换步0、1、2、3,并且在各步的右侧中输入相应梯形图,梯形图程序见图3-71。

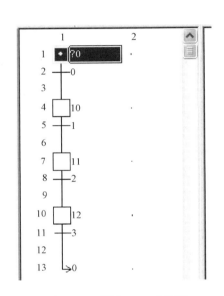

图3-70 滑台SFC功能图

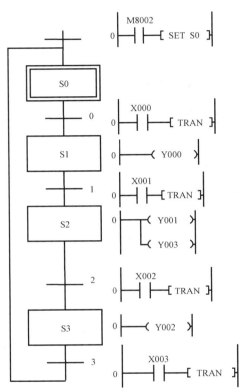

图3-71 液压滑台SFC程序示意图

任务2 工业全自动洗衣机控制系统的编程、安装与调试

任务来源

　　全自动洗衣机的电气控制系统是典型的自动循环控制,电气控制系统主要由程序控制器、电动机、进水电磁阀、排水电磁阀、水位开关、安全开关及各种功能选择开关等组成,控制的基本原理也相同。整个洗衣过程都在PLC的程序指挥下完成。

学习目标

　　(1)学会根据工艺要求画出SFC功能图。

　　(2)学会自动循环典型程序设计与调试。

知识链接

SFC功能图转换为梯形图的方法很多,除用基本指令实现外,还常常用"KEEP、SET、RSET"等指令实现转换。在编程时,常常遇到自动循环执行规定次数后,再执行别的程序的情况,这类程序为典型的循环程序。

一、KEEP指令顺序控制梯形图设计方法

"KEEP"指令在使用时,简洁方便;在SFC功能图转换为梯形图时,用"KEEP"指令完成SFC功能图,只需要在"KEEP"指令的启动条件、停止条件上进行选择就可以了,"KEEP"指令SFC功能梯形图如图3-72所示。

如图3-73所示,通过分析SFC功能图,只需要找出步的启动条件(至少2个)和停止条件即可。

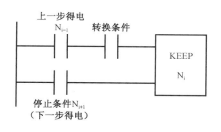

图3-72 "KEEP"指令SFC功能梯形图

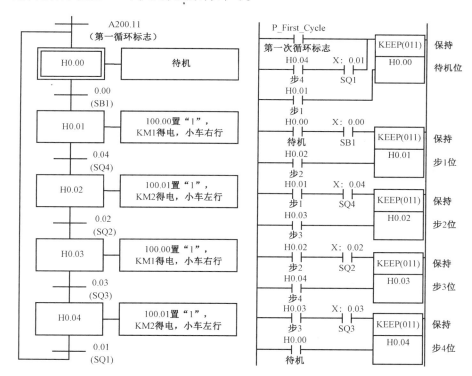

图3-73 SFC功能图KEEP指令转换程序

二、以转换为中心的顺序控制梯形图设计方法

"KEEP"指令在使用时输入点最少,但"KEEP"指令在使用时启动、停止条件不能分开,必须在一条中实现;"SET、RSET"指令比基本指令多,比"KEEP"指令少,但使用时非常灵活,可以放在程序中任一需要的位置,非常方便,因而只需要找到转换的条件即可方便的写出梯形图程序。

如图3-74所示为以转换为中心的编程方式设计的梯形图与功能表图的对应关系。要实现 X_i 对应的转换必须同时满足两个条件:前级步为活动步($M_{i-1}=1$)和转换条件满足($X_i=$

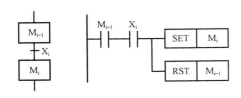

图 3-74 以转换为中心的编程方式

1),所以用 M_{i-1} 和 X_i 的动合触点串联组成的电路来表示上述条件。两个条件同时满足且该电路接通时,应完成两个操作:

(1)将后续步变为活动步(用 SET M_i 指令将 M_i 置位)。

(2)将前级步变为不活动步(用"RSET M_{i-1}"指令将 M_{i-1} 复位)。

这种编程方式与转换实现的基本规则之间有着严格的对应关系,用它编制复杂的功能表图的梯形图时,更能显示出其优越性,可以在任何位置设置启动某条指令或停止某条指令,使编程简洁明了。

如图 3-75 所示为以转换为中心 SET、RSET 控制系统梯形图。待机步(初始步)的启动条件有 2 个,一是第一次循环标志完成;二是步"4"为活动步,并且 SQ1 动作,此时待机步启动的条件满足,待机步启动,同时完成步 4 的停止,其余步依此类推。

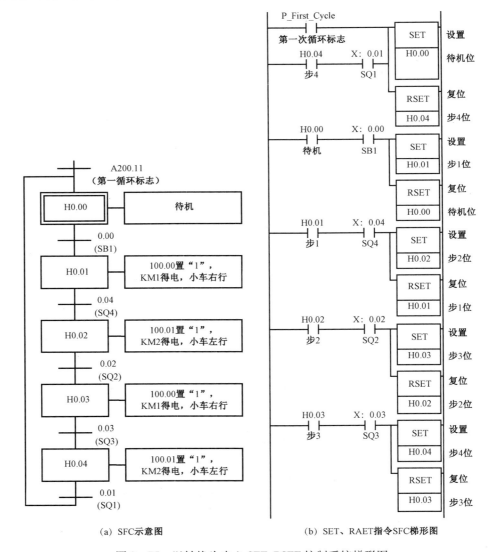

(a)SFC示意图　　　　(b)SET、RAET指令SFC梯形图

图 3-75　以转换为中心 SET、RSET 控制系统梯形图

使用这种编程方式时,不能将输出继电器的线圈与"SET、REST"指令并联,这是因为图3-75中"SET、RSET"都不需要保持,可以用短指令完成;转换条件满足后前级步马上被复位,该串联电路被断开,而输出继电器线圈至少应该在某一步活动的全部时间内接通。

三、步指令编程

PLC厂家在设计梯形图编程系统时,为了方便编程,都设计了SFC顺序控制编程的专用指令。欧姆龙公司PLC设计了2条步编程专用指令:"SNXT""STEP",下面分别详细介绍。

(一)步梯形区域步进SNXT(简称步启动指令)

1. 概要

在"STEP"指令前配置(之前有工序的情况下将之前的工序编号ON→OFF),通过对指令的工序编号进行OFF→ON来控制工序的步进。

2. 符号

SNXT指令符号见图3-76。

3. 功能说明

(1)向步梯形区域步进时。

(2)向下一工序编号的步时。

(3)向步梯形区域结束的步进。

步梯形区域是从"STEP"指令(指定工序编号)~"STEP"指令(无工序编号)为止的区域。

(二)步梯形区域定义"STEP"

1. 概要

(1)在STEP指令之后,配置需要完成的程序,当SNXT条件满足时,表示该工序开始(指定工序编号);遇到下一个SNXT指令时,本条STEP指令自动结束。

(2)在STEP指令之后,STEP无操作数,表示步梯形区域整体结束(无工序编号)。

2. 符号

(1)步梯形区域开始指令(已指定工序编号),见图3-77。

(2)步梯形区域结束指令(未指定工序编号)见图3-78。

图3-76　SNXT指令符号　　　图3-77　步梯形区域开始指令　　　图3-78　步梯形区域结束指令

3. 功能说明

(1)已指定工序的开始。

(2)步梯形区域整体的结束。

四、普通计数器和可逆计数器指令

(一) 普通计数器 CNT/CNTX(546)

普通计数器(CNT)是递减计数器,其梯形图如图 3 - 79 所示。

图 3 - 79　普通计数器的梯形图

在图 3 - 79 中,N 为计数器号,十进制数范围为 0 ~ 4095,一般不能重叠,如果有两个计数器使用相同的计数器号,但并不同时使用的情况,在程序检查时会产生一条重复错误,但不影响计数器的正常操作;SV 为设置值,CNT 的 SV 范围为 0001 ~ 9999,而 CNTX 的 SV 范围为 &0 ~ &65535。

SV 操作数可用的数据区域规定为 CIO 区域、W 区域、H 区域、A 区域、T 区域、DM 区域、EM 区域的所有字,都可以作为 SV 的操作数;另外,二进制间接 DM/EM 地址、BCD 间接 DM/EM 地址、常数数据寄存器、使用变址寄存器间接寻址这些数据也可以作为 SV 的操作数。

计数器为递减计数。当复位端"R"为"OFF",在"CP"端执行条件从"OFF"变"ON"(相当于上升沿)时,计数器从当前值等于设置值时开始依次递减计数;当计数器的当前值 PV 计到零时,计数器的完成标志变为"ON",并一直保持"ON",直到复位为止。

计数器具有断电保持功能,当电源断电时,计数器的当前值保持不变。

当 SV 不是 BCD 数或间接寻址的 DM 通道不存在时,"ER"标志位置为"ON"(出错)。

(二) 可逆计数器指令 CNTR(012)/CNTRX(012)

可逆计数器指令的梯形图,如图 3 - 80 所示,N 和 SV 的操作数规定与 CNT 指令一致。

图 3 - 80　可逆计数器指令的梯形图

可逆计数器 CNTR(012)有加计数端、减计数端和复位端。当加计数端有上升沿脉冲输入时,计数器当前值加 1;当到达预置值时,计数器完成标志变为"ON",此时若再输入一个脉冲,则计数器复位到"0000",同时标志位为"OFF"。当减计数端有上升沿脉冲输入时,计数器和普通计数器 CNT 一样,作递减计数。若加计数端和减计数端同时加上升沿脉冲时,则计数值不变。该计数器指令的功能表如表 3 - 15 所示。

表 3 - 15　可逆计数器的功能表

增量输入	减量输入	复位输入	计数器功能	完成标志位
上升沿	OFF	OFF	加计数	加到预置数,置 ON 再加 1,置 OFF,计数器复位到 0000
OFF	上升沿	OFF	减计数	减到 0000 时,置 ON 再减 1,置 OFF,计数器置设定值
上升沿	上升沿	OFF	不计数	不变
任意	任意	ON	预置数	OFF

(三)复位定时器/计数器 CNR(545)/CNRX(547)

复位定时器/计数器 CNR(545)/CNRX(547)的功能主要用于对指定的定时器或计数器进行复位,其梯形图如图 3 - 81 所示。

如图 3 - 81 所示,"N1"和"N2"都是定时器或计数器范围内的编号,"N1"为指定的定时器或计数器中的第一个号,"N2"为最后一个号。除此之外,使用变址寄存器间接寻址也可以作"N1"和"N2"的操作数。如果"N1"和"N2"通过变址寄存器间接寻址,但是变址寄存器的地址不是计数器的 PV 地址时,错误标志"ER"为"ON"。

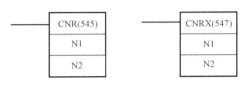

图 3 - 81　复位定时器/计数器的梯形图

CNR(545)的功能比较简单,即复位从"N1 ~ N2"所指定的所有定时器或计数器全部复位,同时所有 PV 值都被设置为最大值(对 BCD 码是 9999),只在下一次定时器或计数器的指令执行时再设置为 SV 值。

除了长定时器 TIML(550)、多路输出定时器 MTIM(543)和 CNR(545)本身不能被 CNR(545)指令复位之外,其他定时器和所有计数器都可以用上述指令复位。如果"N1"和"N2"被指定为 N1 > N2,则仅定时器/计数器的完成标志被复位。

"CNR(545)"指令与直接复位指令效果不同。如"TIM"指令,如果被直接复位,它们的 PV 值被设置为 SV 值;而定时器用 CNR(545)复位时,PV 被设置为最大值 9999。

任务实施

任务描述:
(1)完成工业全自动洗衣机系统 I/O 分配表。
(2)完成工业全自动洗衣机系统 PLC 接线。
(3)编写工业全自动洗衣机系统 PLC 梯形图程序并调试。
(4)完成工业全自动洗衣机系统 PLC 程序与外接低压电器通电调试。

一、控制功能分析

(一)工艺要求

如图 3 - 82 所示,系统启动后放入洗涤剂,按下启动按钮,洗衣机开始工作并自动进水,不断完成正转、反转后,自动排水、脱水等,完成洗涤。

(二)控制分析

(1)PLC 投入运行,系统处于初始状态准备好启动。

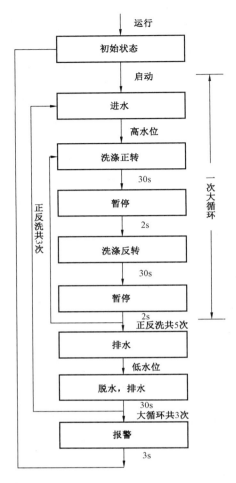

图 3-82 工业全自动洗衣机
顺序控制系统示意图

(2)启动时开始进水。

(3)水满(上限位)时停止进水并开始洗涤正转。

(4)正转 30s 后暂停。

(5)暂停 2s 后开始洗涤反转。

(6)反转 30s 后暂停。

(7)暂停 2s 后,若正、反转未满 5 次时,返回从洗涤正转开始的动作。

(8)暂停 2s 后,若正、反洗涤满 5 次时则开始排水。

(9)水位下降到低水位时开始脱水井继续排水。

(10)脱水 30s 即完成一次从进水到排水的大循环过程。

(11)若完成 3 次大循环,洗完报警 3s 后自动停机。

(12)可以按"停止"按钮实现手动停止进水、排水、脱水及报警。

(13)可以按"排水"按钮实现手动排水。

二、PLC 选型

PLC 选择欧姆龙 CP1H。

三、I/O 分析与分配

(1)输入:启动按钮 1 个(SB1),分配输入点 0.00;水位选择按钮 1 个,分配输入点 0.01;3 个水位传感器,分配输入点 0.02、0.03、0.04;盖门开关 1 个,分配输入点 0.05;输入点共 5 个。

(2)输出:正反两个方向,分配 2 个输出点(右行 KM1、左行 KM2),分配输出点分别为 100.00、100.01。

I/O 分配表如表 3-16 所示。

表 3-16 台车多点控制 I/O 分配表

输入 I			输出 O		
名称	地址	注释	名称	地址	注释
SA1	0.00	盖门开关	KM1	100.00	正转接触器
SB1	0.01	启动按钮	KM2	100.01	反转接触器
SB2	0.02	水位选择按钮	LH	100.02	报警
SQ1	0.03	低水位	YV1	100.03	进水电磁阀
SQ2	0.04	中水位	YV2	100.04	出水电磁阀
SQ3	0.05	高水位			

四、电路设计

依据工艺要求及 I/O 分配表,选择低压电器如表 3 - 17 所示,设计电路图如图 3 - 83 所示。

表 3 - 17　材料准备表(一)

序号	名称	型号	数量	单位	备注
1	小型空气断路器	DZ47 - 63/3P C20	1	个	
		DZ47 - 63/2P C3	1	个	
2	接触器	CJX2 - 0910 380V	2	个	
3	按钮	LA4 - 3H	1	个	
4	热继电器	JR36 - 32/16	1	个	
5	位置开关	LX19 - 111	4	个	
6	端子排	TB - 1012	1	个	
		TB - 2506	1	个	
7	三相异步电动机	Y 系列:Y90S - 4	1	台	380V,1.1kW
8	PLC	欧姆龙 CP1H	1	台	

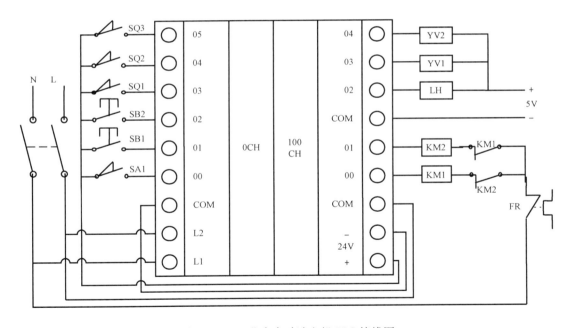

图 3 - 83　工业全自动洗衣机 PLC 接线图

五、程序设计及调试

(一)程序设计

1. SFC 顺序功能图分析

依据工艺要求、控制分析及 I/O 分配表得出 SFC 顺序功能图,见图 3 - 84。

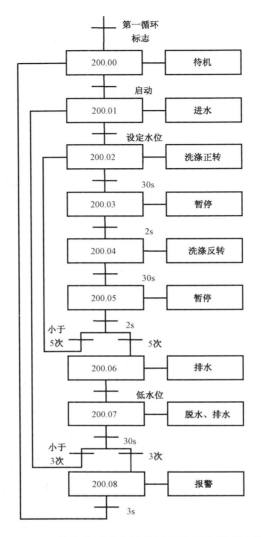

图 3 - 84 工业全自动洗衣机控制系统 SFC 顺序功能图

2. 梯形图设计——功能表图转换为梯形图

1）分步控制

依据图 3 - 84SFC 顺序功能图,通过基本指令编写出梯形图见图 3 - 85。

2）集中输出

把"右行"工作步 H0.01、H0.03 并联接到输出线圈 100.00,使台车向右行驶;把"左行"工作步 H0.02、H0.04 并联接到输出线圈 100.01,使台车向左行驶。如图 3 - 86 所示。

(二)调试

(1)仿真调试:编译程序,进行仿真调试。

(2)配线。

按图 3 - 83 连接导线。先接好 PLC 接线图,调试正常后,再连接主回路。

(3)调试。

调试顺序:先断开主回路,调试 PLC 部分正常后,再接通主回路。

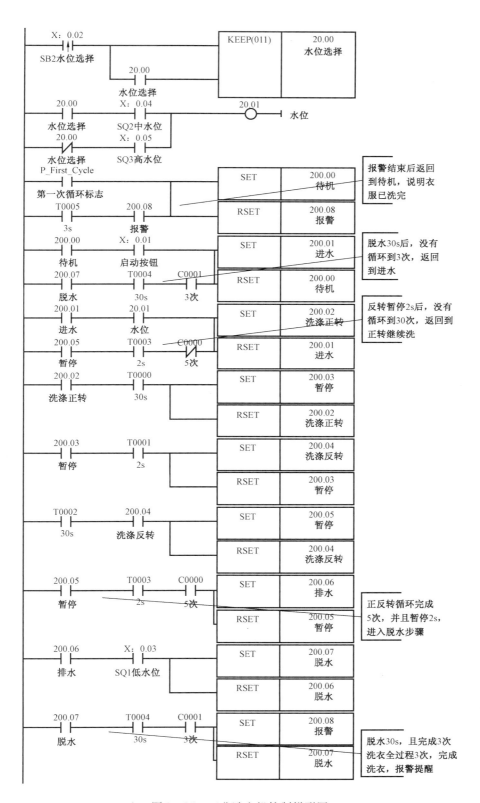

图 3-85 工业洗衣机控制梯形图

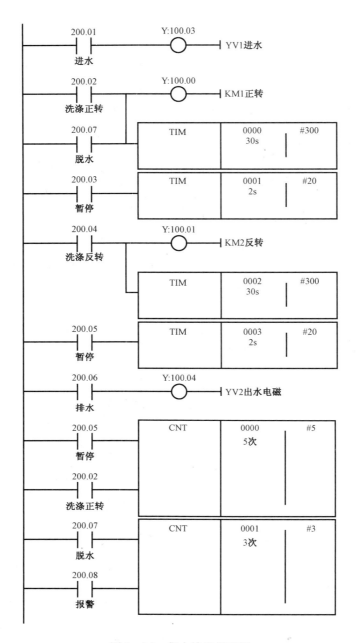

图 3 – 86 集中输出梯形图

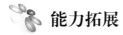 **能力拓展**

一、FX2N 系列高速计数器

（一）增/减计数器（C200 ~ C224）

共有 25 点 22 位加/减计数器,其中 C200 ~ C219（共 20 点）为通用型,C220 ~ C224（共 15 点）为断电保持型。这类计数器与 16 位增计数器除位数不同外,还能通过控制实现加/减双向计数。设定值范围均为 0 ~ 65535(22 位)。

C200 ~ C224 是增计数还是减计数,分别由特殊辅助继电器 M8200 ~ M8224 设定。对应的特殊辅助继电器被置为"ON"时为减计数,置为"OFF"时为增计数。

计数器的设定值与 16 位计数器一样,可直接用常数"K"或间接用数据寄存器"D"的内容作为设定值。在间接设定时,要用编号紧连在一起的两个数据计数器。

如图 3 – 87 所示,"X10"用来控制"M8200","X10"闭合时为减计数方式。"X12"为计数输入,"C200"的设定值为 5(可正、可负)。设"C200"置为增计数方式("M8200"为"OFF"),当"X12"计数输入累加由 4 至 5 时,计数器的输出触点动作。当前值大于 5 时计数器仍为"ON"状态;只有当前值由 5 至 4 时,计数器才变为"OFF"。只要当前值小于 4,则输出保持为"OFF"状态。复位输入"X11"接通时,计数器的当前值为 0,输出触点也随之复位。

(二)高速计数器(C225 ~ C255)

高速计数器与内部计数器相比除允许输入频率高之外,应用也更为灵活。高速计数器均有断电保持功能,通过参数设定也可变成非断电保持。FX2N 有 C225 ~ C255(共 21 点)高速计数器。适合用来作为高速计数器输入的 PLC 输入端口有 X0 ~ X7。X0 ~ X7 不能重复使用,即某一个输入端已被某个高速计数器占用,它就不能再用于其他高速计数器,也不能用做他用。各高速计数器对应的输入端见表 3 – 18。

高速计数器可分为三类:

(1)单相单计数输入高速计数器(C225 ~ C245),其触点动作与 22 位增/减计数器相同,可进行增或减计数(取决于 M8225 ~ M8245 的状态)。

如图 3 – 88(a)所示为无启动/复位端单相单计数输入高速计数器的应用。当 X10 断开,M8225 为"OFF",此时 C225 为增计数方式(反之为减计数方式)。由 X12 选中 C225,从表 3 – 18 中可知其输入信号来自于 X0,C225 对 X0 信号增计数,当前值达到"1224"时,C225 动合接通,Y0 得电。X11 为复位信号,当 X11 接通时,C225 复位。

如图 3 – 88(b)所示为带启动/复位端单相单计数输入高速计数器的应用。由表 3 – 18 可知,X1 和 X6 分别为复位输入端和启动输入端。利用 X10 通过 M8244 可设定其增/减计数方式。当 X12 接通,且 X6 也接通时,开始计数,计数的输入信号来自于 X0,C244 的设定值由 D0 和 D1 指定。除了可用 X1 立即复位外,也可用梯形图中的 X11 复位。

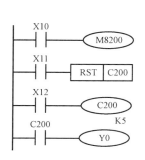

图 3 – 87　22 位增/减计数器

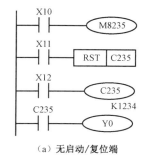

(a)无启动/复位端

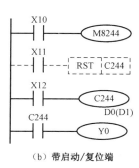

(b)带启动/复位端

图 3 – 88　单相单计数输入高速计数器

表 3-18　高速计数器简表

计数器		X0	X1	X2	X3	X4	X5	X6	X7
单相单计数输入	C225	U/D							
	C226		U/D						
	C227			U/D					
	C228				U/D				
	C229					U/D			
	C240						U/D		
	C241	U/D	R						
	C242			U/D	R				
	C242				U/D	R			
	C244	U/D	R					S	
	C245			U/D	R				S
单相双计数输入	C246	U	D						
	C247	U	D	R					
	C248				U	D	R		
	C249	U	D	R				S	
	C250			U	D	R			S
双相	C251	A	B						
	C252	A	B	R					
	C252				A	B	R		
	C254	A	B	R				S	
	C255				A	B	R		S

注:U 表示加计数输入,D 表示减计数输入,B 表示 B 相输入,A 表示 A 相输入,R 表示复位输入,S 表示启动输入;X6、X7 只能用作启动信号,不能用作计数信号。

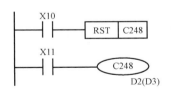

图 3-89　单相双计数输入高速计数器

(2)单相双计数输入高速计数器(C246～C250),这类高速计数器具有二个输入端,一个为增计数输入端,另一个为减计数输入端。利用 M8246～M8250 的"ON/OFF"动作可监控 C246～C250 的增记数/减计数动作。

如图 3-89 所示,X10 为复位信号,其有效(ON),则 C248 复位。由表 3-18 可知,也可利用 X5 对 C248 复位。当 X11 接通时,选中 C248,输入来自 X2 和 X4。

(3)双相高速计数器(C251～C255),A 相和 B 相信号决定计数器是增计数还是减计数。当 A 相为"ON"时,B 相由"OFF"至"ON",则为增计数;当 A 相为"ON"时,若 B 相由"ON"到"OFF",则为减计数,如图 3-90(a)所示。

如图 3-90(b)所示,当 X12 接通时,C251 计数开始。由表 12-4 可知,其输入来自 X0(A 相)和 X1(B 相)。只有当计数使当前值超过设定值,则 Y2 为"ON"。如果 X11 接通,则计数器复位。根据不同的计数方向,即 Y2 为"ON"(增计数)或为"OFF"(减计数),则用 M8251～M8255 可监视 C251～C255 的加/减计数状态。

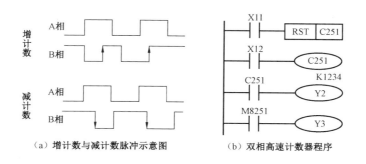

(a) 增计数与减计数脉冲示意图　　　(b) 双相高速计数器程序

图 3-90　双相高速计数器

注意:高速计数器的计数频率较高,它们的输入信号的频率受两方面的限制:一是全部高速计数器的处理时间,因它们采用中断方式,所以计数器用得越少,则可计数频率就越高;二是输入端的响应速度,其中 X0、X2、X3 最高频率为 10kHz,X1、X4、X5 最高频率为 7kHz。

二、台车程序运行控制

(一)工艺要求

如图 3-91 所示,系统启动后,开关 0.00 接通时,台车从 1 号站开向 4 号站(运行过程中经过 2 号、3 号站),到达 4 号站后,驶向 2 号站,到达 2 号站后,驶向 3 号站,依次在 2、3 号站循环 3 次,完成循环后,驶向 1 号站,然后停止在 1 号站。

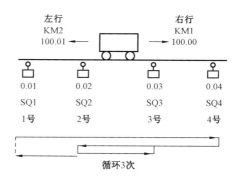

图 3-91　台车多点顺序控制示意图

(二)控制分析

(1)按下"启动"按钮后,台车从 1 号站出发,依次到达 2 号、3 号、4 号、3 号、2 号、3 号、2 号、1 号站后停止。

(2)完成一个循环后停止在 1 号站,再次按下"启动"按钮后,台车再次完成上述循环。

(三)PLC 选型

PLC 选择三菱 FX2N 系列。

(四)I/O 分析与分配

(1)输入:启动按钮 1 个(SB1),分配输入点 X0;4 个位置开关,分配输入点 X1、X2、X3、X4,输入点共 5 个。

(2)输出:正反两个方向,分配 2 个输出点(右行 KM1、左行 KM2),分配输出点分别为 Y0、Y1。

I/O 分配表见表 3-19。

表 3 - 19　台车程序多点顺序控制 I/O 分配表

输入 I			输出 O		
名称	地址	注释	名称	地址	注释
SB1	X0	启动按钮	KM1	Y0	右行接触器
SQ1	X1	1 号站位置开关	KM2	Y1	左行接触器
SQ2	X2	2 号站位置开关			
SQ3	X3	3 号站位置开关			
SQ4	X4	4 号站位置开关			

(五) 梯形图程序

1. 分步控制

依据图 3 - 91 分析,得出 SFC 功能图,见图 3 - 92。

把图 3 - 92 变换为梯形图程序,见图 3 - 93。

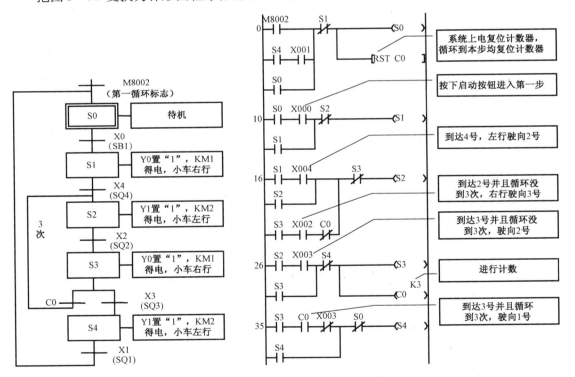

图 3 - 92　台车多点顺序控制 SFC 功能图　　　　图 3 - 93　台车多点顺序控制梯形图

2. 集中输出

S1、S3 为右行,连接 Y0 输出,完成台车右行控制;同理,S2、S4 为左行,连接 Y1 输出,完成台车左行控制。如图 3 - 94 所示。

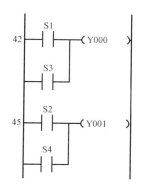

图 3 - 94　台车多点顺序控制集中输出梯形图

任务 3　呼叫台车控制系统的编程、安装与调试

任务来源

机械构件系统运动控制是典型 PLC 电气控制系统,呼叫台车类控制是典型的 PLC 自动控制,平放时为台车运动,如果竖直放置,则可以看成电梯的控制,基本原理也相同。

学习目标

(1)掌握相关指令的应用。
(2)学会呼叫台车类的程序控制。

知识链接

一、比较指令

在 PLC 中比较指令可分为符号比较、无符号比较、表格一致比较、无符号表格比较指令等,下面以欧姆龙 C 系列机型为例,分别介绍。

(一)符号比较指令

功能:对 2 个通道或常数进行无符号或有符号的比较,比较结果为真时,连接到下一段之后。与 LD、AND、OR 指令同样处理,在各指令之后继续对其他指令进行编程。

1. 基本类型

比较指令的使用方法基本上有三种:LD 型、AND 型与 OR 型,使用方式见图 3 - 95。

图 3 - 95　比较指令使用方法
S1—比较数据 1;S2—比较数据 2

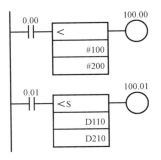

图 3-96 比较指令应用程序

（二）无符号比较指令（CMP）

功能：对 2 个通道或常数进行无符号 BIN16 位进行比较，比较结果用状态标志位反映到程序中。

1. 基本类型

无符号比较指令的符号见图 3-97。

图 3-97 无符号比较指令符号

比较形式有 >、<、=、< >、≥、≤ 等几种比较形式。

2. 动作说明

正常使用与 LD、AND、OR 指令同样处理，见图 3-96。比较数据可以是常数，也可以是通道，可以有符号，也可以无符号，比较结果的真伪后输出到线圈。

上述程序运行结果，100.00 动作；100.01 动作与否，需要看 D110 与 D210 通道中的数据大小，还要注意符号。

程序中 CMP 指令使用后，必须要有比较结果，比较结果用 PLC 状态位表示，不同的 PLC 状态位不同。

CP1H 状态位名称、地址及注释见表 3-20。

表 3-20　CP1H 状态位名称、地址及注释

名称	地址	注释
P_EQ	CF006	等于（EQ）标志
P_GE	CF000	大于或等于（GE）标志
P_GT	CF005	大于（GT）标志
P_LE	CF002	小于或等于（LE）标志
P_LT	CF007	小于（LT）标志
P_NE	CF001	不等于（NE）标志

2. 动作说明

操作数数据区域包括 S1：第一比较数据，IR，SR、AR、DM、HR、TC、LR、#；S2：第二比较数据，IR，SR、AR、DM、HR、TC、LR、#。

其中，IR 为输入输出继电器、SR 为内部辅助继电器、AR 为辅助记忆继电器、DM 为数据寄存器、HR 为保持继电器、TC 为定时器计数器、LR 为链接继电器、#为十进制常数。

注意：当与定时器或计数器当前值进行比较时，比较值必须是 BCD 码。

当指令的执行条件为"OFF"时，CMP（20）指令不执行。当执行条件为"ON"时，CMP（20）比较 CP1 和 CP2 的内容并将比较的结果输出到 SR 区域的标志。需要注意的是，在 CMP（20）指令和访问标志位之间插入其他指令，可能会使这些标志状态发生变化，所以必须在这些标志没有发生变化前使用它们。

如图 3-98 所示，程序执行结果是，开机后常通指令一直闭合，当 D110 中的数据与 D111 数据进行比较时，如果数据相等，则等于标志位动作，100.00 动作。需要注意的

是,标志位要 CMP 指令后立即执行结果,后续如果有其他指令使标志位动作,那么标志位会改变状态。

(三)表格一致比较指令(TCMP)

功能:将比较数据 1 个通道分别与比较表格 16 个通道的数据进行比较,比较结果输出到比较结果通道的相应位。

1. 指令

指令符号见图 3-99。

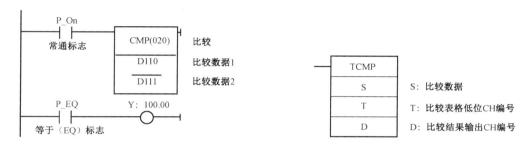

图 3-98　无符号比较指令应用程序　　　　　图 3-99　表格一致比较指令符号

2. 指令说明

1)操作数说明

S 为比较数据通道,即数据源,单个通道。使用时,先把比较数据传送至此通道中。

T 为比较表格通道,为 16 个通道,每个通道中均有一个数据。

D 为比较结果存储通道,单个通道。

2)功能说明

将 S 通道中的数据与 T~T+15 所指定的 16 个通道的数据分别进行比较,S 通道中的数据与 T~T+15 中的某个数据相同,则该通道对应的输出通道 D 中的位则为 1,D 通道中的其余位为 0,如图 3-100 所示。

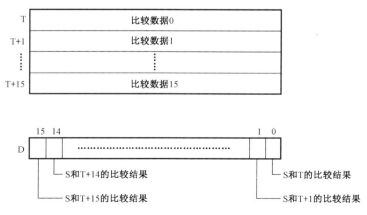

图 3-100　表格比较指令说明

BCMP
S
T
D

S：比较数据

T：比较数据低位CH编号

D：比较结果输出CH编号

图 3 - 101　无符号表格比较指令符号

（四）无符号表格比较指令（BCMP）

功能：判别比较数据的内容是否在 16 组比较数据的上下限通道数据范围内，如果在上下限通道数据的范围，则输出通道中的相应位为 1。

1. 指令

指令符号见图 3 - 101。

2. 指令说明

1）操作数说明

无符号表格比较指令操作数说明见图 3 - 102。

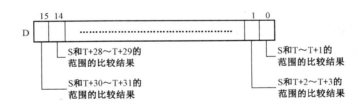

图 3 - 102　无符号表格比较指令说明

2）功能说明

S 为比较数据，将 S 分别与 T ~ T + 1、T + 2 ~ T + 3、…、T + 30 ~ T + 31 中的数据进行比较，比较数据 S 是否在某个范围内（包括上下限值），如果比较数据 S 在某范围，则在 D 通道的相应位为 1，如图 3 - 103 所示。

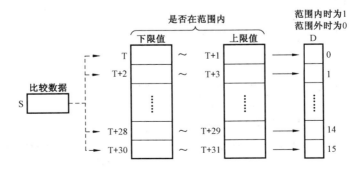

图 3 - 103　BCMP 功能示意图

二、数据转换指令

常用的数据转换指令有:BCD 码/二进制指令 BIN、二进制/BCD 码指令 BCD、七段译码指令 SDEC、译码指令 MLPX、编码指令 DMPX 等,这里重点介绍编码器 DMPX、解码器 MLPX 指令的应用。

(一)编码器 DMPX

编码是将含有特定意义的数字和符号信息转换成相应的若干位二进制代码的过程。

功能是把第一源字(S)的内容为"ON"的最高一位所对应的(十进制数)编为何位二进制数,并传送到结果输出目的字(D)中。

1. 指令

编码器 DMPX 符号见图 3 – 104。

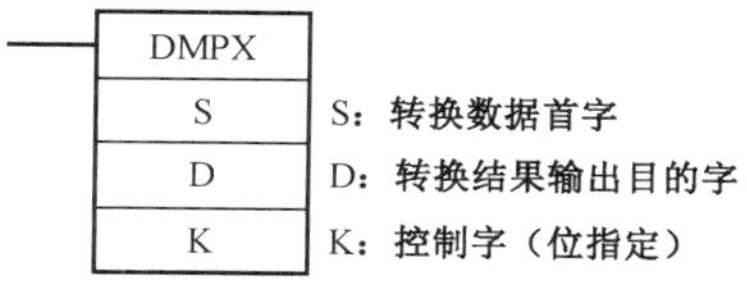

2. 操作数说明

(1)16→4 数据首字 S。

S:编码位第 1 位编码对象。

S+1:编码位第 2 位编码对象。

S+2:编码位第 3 位编码对象。

S+3:编码位第 4 位编码对象。

(2)256→8 数据首字 S。

S+15~S:编码位第 1 位编码对象。

S+31~S+16:编码位第二位编码对象。

(3)控制字 K,见表 3 – 21。

图 3 – 104 编码器 DMPX 指令符号

S: 转换数据首字
D: 转换结果输出目的字
K: 控制字(位指定)

表 3 – 21 控制字 K 通道位数据含义表

15	14	13	12	11	10	9	8	7	6	5	4	3	2	1	0
16/4、256/8 译码选择				最高位最低位选择				编码器位数选择				输出开始位编号			
0:16→4 编码				0:为 ON 的最高位 1:为 ON 的最低位				0~3Hex:1~4 位				0Hex:0~3 位 …… 3Hex:12~15 位			
1:256→8 编码				0:为 ON 的最高位 1:为 ON 的最低位				0Hex:1 位 1Hex:2 位				0Hex:0~7 位 1Hex:8~15 位			

16→4 编码器控制字 K 示例如图 3 – 105 所示。

(4)结果输出目的字。

① 16→4 位译码器输出字如图 3 – 106 所示。

将 S 开始 S+3 的各编码器结果从开始位开始存储到高位侧(位 3 之后返回位 0)。

② 256→8 位译码器输出字如图 3 – 107 所示。

143

将 S ~ S + 15、S + 16 ~ S + 31 的各编码器结果从开始位开始存储到高位(位 1 之后返回位 0)。

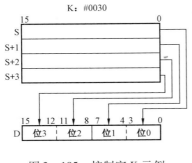

图 3 - 105　控制字 K 示例

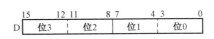

图 3 - 106　16→4 位译码器输出字

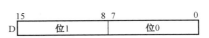

图 3 - 107　256→8 位译码器输出字

3. 程序示例

(1)梯形图程序,见图 3 - 108。

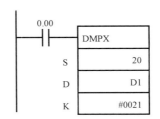

图 3 - 108　DMPX 梯形图程序示例

(2)程序说明,见图 3 - 109。

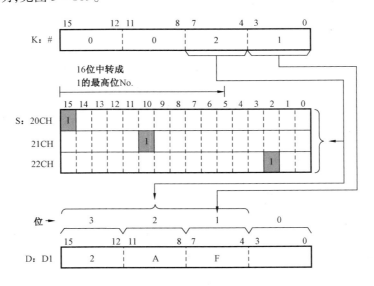

图 3 - 109　DMPX 程序示例说明

(二)解码器 MLPX(译码器)

解码(译码)是将含有特定意义信息的二进制代码翻译出来的过程。

功能是将源通道（S）的指定位（或指定字节），在指定的通道的相应位输出为1,其他位输出0。

MLPX
S
K
D

S:转换数据源字
D:转换结果输出目的字
K:控制字（位指定）

图 3 - 110　解码器 MLPX（译码器）指令符号

1. 指令

指令符号见图 3 - 110。

2. 操作数说明

（1）4→16 数据源字 S,见表 3 - 22。

表 3 - 22　4→16 数据源字 S

15	14	13	12	11	10	9	8	7	6	5	4	3	2	1	0
位 3				位 2				位 1				位 0			

（2）8→256 数据源字 S,见表 3 - 23。

表 3 - 23　8→256 数据源字 S

15	14	13	12	11	10	9	8	7	6	5	4	3	2	1	0
位 1								位 0							

（3）控制字 K,见表 3 - 24。

表 3 - 24　控制字 K 通道位数据含义表

15	14	13	12	11	10	9	8	7	6	5	4	3	2	1	0
16/4、256/8 译码选择				最高位最低位选择				译码器位数选择				转换开始位编号			
0:4→16 译码				0:为 ON 的最高位 1:为 ON 的最低位				0～3Hex:1～4 位				0Hex:0～3 位 …… 3Hex:12～15 位			
1:8→256 译码				0:为 ON 的最高位 1:为 ON 的最低位				0Hex:1 位 1Hex:2 位				0Hex:0～7 位 1Hex:8～15 位			

控制字 K 示例如图 3 - 111 所示。

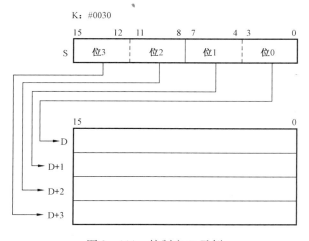

图 3 - 111　控制字 K 示例

145

(4)结果输出目的字。

① 4→16 位译码器输出字如图 3 - 112 所示。

从开始位开始以高位侧的位为解码器的对象(位 3 之后返回位 0)。

② 8→256 位译码器输出字如图 3 - 113 所示。

从开始位开始以高位侧为解码器的对象(位 1 之后返回位 0)。

3. 程序示例

(1)梯形图程序,见图 3 - 114。

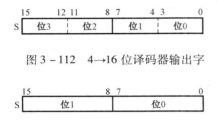

图 3 - 112　4→16 位译码器输出字

图 3 - 113　8→256 位译码器输出字

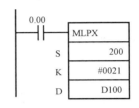

图 3 - 114　MLPX 指令梯形图程序示例

(2)程序说明,见图 3 - 115。

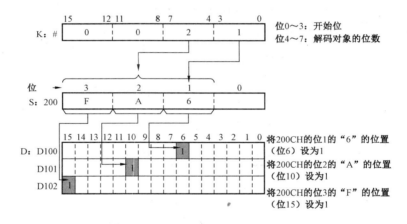

图 3 - 115　解码器 MLPX(译码器)程序示例说明

任务实施

一、基本指令呼叫台车自动控制

任务描述:

(1)完成 I/O 分配表。

(2)完成 PLC 接线。

(3)编写 PLC 梯形图程序并调试。

(4)完成 PLC 程序与外接低压电器通电调试。

(一)控制功能分析

1. 工艺要求

如图 3 - 116 所示,系统为多工位共用一台车,当有工位需要使用台车时,按下呼叫按钮,台车会自动运行到该工位。

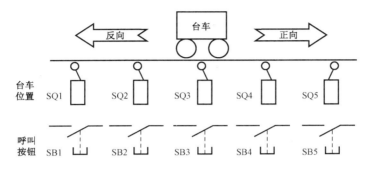

图 3 - 116 5 站呼叫台车自动控制示意图

2. 控制分析

(1)PLC 上电后,台车停止在某个工位(可增加功能:若无用车呼叫时,则各工位的允许呼车指示灯亮)。

(2)工作人员按下本工位的呼叫按钮时,台车可根据呼叫运行到呼车位(可增加功能:各工位的指示灯均熄灭,此时其他工位呼车无效)。

(3)若呼车位号等于停车位号时,台车不动;若呼车位号大于停车位号时,台车向右正向行驶。

(4)若呼车位号小于停车位号时,台车向左反向行驶。

(二)PLC 选型

PLC 选择欧姆龙 CP1H。

(三)I/O 分析与分配

(1)输入:呼叫按钮 5 个,分别是 SB1 ~ SB5,分配输入点 0.00 ~ 0.04;工位开关(位置开关)5 个,分别是 SQ1 ~ SQ5,分配输入点 0.05 ~ 0.09。

(2)输出:正反两个方向,分配 2 个输出点(右行 KM1、左行 KM2),分配输出点分别为 100.00、100.01。

I/O 分配表见表 3 - 25。

表 3 - 25 5 站呼叫台车多点控制 I/O 分配表

输入 I			输出 O		
名称	地址	注释	名称	地址	注释
SB1	0.00	呼叫按钮 1	KM1	100.00	正转接触器
SB2	0.01	呼叫按钮 2	KM2	100.01	反转接触器
SB3	0.02	呼叫按钮 3			
SB4	0.03	呼叫按钮 4			

输入 I			输出 O		
名称	地址	注释	名称	地址	注释
SB5	0.04	呼叫按钮5			
SQ1	0.05	位置开关1			
SQ2	0.06	位置开关2			
SQ3	0.07	位置开关3			
SQ4	0.08	位置开关4			
SQ5	0.09	位置开关5			

（四）电路设计

依据工艺要求及 I/O 分配表，选择低压电器如表 3 - 26。

表 3 - 26   材料准备表（二）

序号	名称	型号	数量	单位	备注
1	小型空气断路器	DZ47 - 63/3P C20	1	个	
		DZ47 - 63/2P C3	1	个	
2	接触器	CJX2 - 0910 380V	2	个	
3	按钮	LA4 - 3H	2	个	
4	热继电器	JR36 - 32/16	1	个	
5	位置开关	LX19 - 111	5	个	
6	端子排	TB - 1012	1	个	
		TB - 2506	1	个	
7	三相异步电动机	Y 系列：Y90S - 4	1	台	380V，1.1kW
8	PLC	欧姆龙 CP1H	1	台	

根据控制功能，设计主回路与 PLC 控制回路，如图 3 - 117。

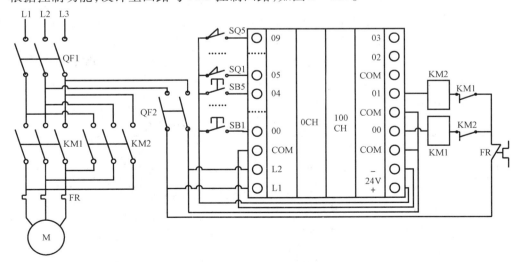

图 3 - 117   5 站呼叫台车 PLC 接线图

（五）程序设计

1. 程序设计及调试

1）设计分析

用5个中间继电器、5个呼叫按钮及5个位置开关分别控制5个站点的呼叫。

2）梯形图设计——功能表图转换为梯形图

（1）呼叫控制。

通过基本指令编写出梯形图,梯形图程序见图3－118。

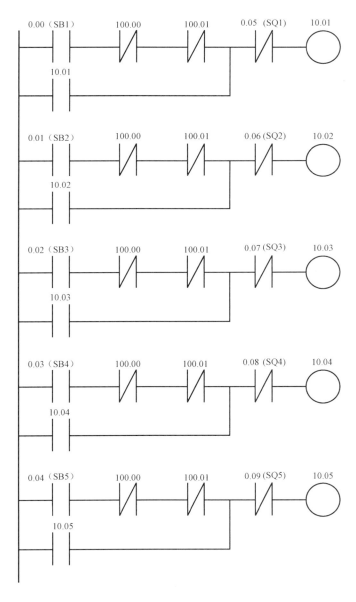

图3－118　呼叫控制部分梯形图程序

某工位呼叫:按下对应按钮,对应的中间继电器动作并保持,此时 100.00、100.01 必有一个动作,其他线圈不能得电,直到台车行驶到呼叫位置。

（2）输出。

某工位的右行条件由呼叫保持线圈与工位的位置开关串联,依次从左侧开始,直至最右侧工位,如图 3-119 所示;程序执行时,直到呼叫工位,由相应的位置开关断开右行线圈。同理,左行与之相反即可,如图 3-120 所示。

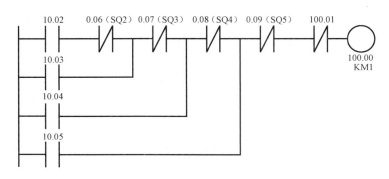

图 3-119　台车右行输出梯形图程序

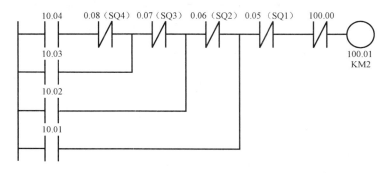

图 3-120　台车左行输出梯形图程序

2. 调试

（1）仿真调试:编译程序,进行仿真调试。

（2）配线。

按图 3-117 连接导线;先接好 PLC 接线图,调试正常后,再连接主回路。

（3）调试。

调试顺序:先断开主回路,调试 PLC 部分正常后,再接通主回路。

二、功能指令呼叫台车控制

任务描述:

（1）完成 I/O 分配表。

（2）完成 PLC 接线。

（3）编写 PLC 梯形图程序并调试。

（4）完成 PLC 程序与外接低压电器通电调试。

150

（一）控制功能分析

1. 工艺要求

如图 3 - 121 所示，系统为 8 工位共用一台车，当有工位需要使用台车时，按下呼叫按钮，台车会自动运行到该工位。

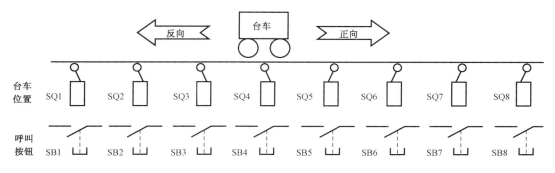

图 3 - 121 8 站呼叫台车自动控制示意图

2. 控制分析

（1）PLC 通电后，台车停止在某个工位，若无用车呼叫时，则各工位的允许呼车指示灯亮。

（2）某工作人员按下本工位的呼叫按钮时，各工位的指示灯均熄灭，此时其他工位呼车无效。

（3）若呼车位号等于停车位号时，台车不动；若呼车位号大于停车位号时，台车向右正向行驶。

（4）若呼车位号小于停车位号时，台车向左反向行驶。

（5）台车到达指定位置自动停止 30s，然后才能再次呼叫。

（二）PLC 选型

PLC 选择欧姆龙 CP1H。

（三）I/O 分析与分配

（1）输入：呼叫按钮 8 个，分别是 SB1 ~ SB8，分配输入点 0.01 ~ 0.08；工位开关（位置开关）8 个，分别是 SQ1 ~ SQ8，分配输入点 1.00 ~ 1.07；启动按钮和停止按钮各一个，分别是 SB9、SB10，分配输入点 0.00、0.09。

（2）输出：正反两个方向，分配 3 个输出点（右行 KM1、左行 KM2、KM3 指示灯），分配输出点分别为 100.00、100.01、100.02。

I/O 分配表如表 3 - 27 所示。

表 3 - 27 8 站呼叫台车多点控制 I/O 分配表

输入 I			输出 O		
名称	地址	注释	名称	地址	注释
SB9	0.00	启动按钮	KM1	100.00	正转接触器
SB1	0.01	呼叫按钮 1	KM2	100.01	反转接触器
SB2	0.02	呼叫按钮 2	KM3	100.02	指标灯
SB3	0.03	呼叫按钮 3			

输入 I			输出 O		
SB4	0.04	呼叫按钮 4			
SB5	0.05	呼叫按钮 5			
SB6	0.06	呼叫按钮 6			
SB7	0.07	呼叫按钮 7			
SB8	0.08	呼叫按钮 8			
SB10	0.09	停止按钮			
SQ1	1.00	位置开关 1			
SQ2	1.01	位置开关 2			
SQ3	1.02	位置开关 3			
SQ4	1.03	位置开关 4			
SQ5	1.04	位置开关 5			
SQ6	1.05	位置开关 6			
SQ7	1.06	位置开关 7			
SQ8	1.07	位置开关 8			

(四)电路设计

依据工艺要求及 I/O 分配表,选择低压电器如表 3 – 28。

表 3 – 28　材料准备表(三)

序号	名称	型号	数量	单位	备注
1	小型空气断路器	DZ47 – 63/3P C20	1	个	
		DZ47 – 63/2P C3	1	个	
2	接触器	CJX2 – 0910 380V	3	个	
3	按钮	LA4 – 3H	3	个	
4	热继电器	JR36 – 32/16	1	个	
5	位置开关	LX19 – 111	8	个	
6	端子排	TB – 1012	1	个	
		TB – 2506	1	个	
7	三相异步电动机	Y 系列:Y90S – 4	1	台	380V,1.1kW
8	PLC	欧姆龙 CP1H	1	台	

根据材料表及控制要求,设计电路图如图 3 – 122 所示。

(五)程序设计及调试

1. 程序设计

1)控制功能分析

(1)用"MOV"指令分别向 D0 和 D1 通道中传送台车位置编号和台车呼叫信号。没有呼车信号时,信号灯发光,当有呼车信号时,信号灯熄灭。

(2)用"KEEP"指令进行呼车锁存。当有呼车信号时,"KEEP"动作,其他呼车信号失效,

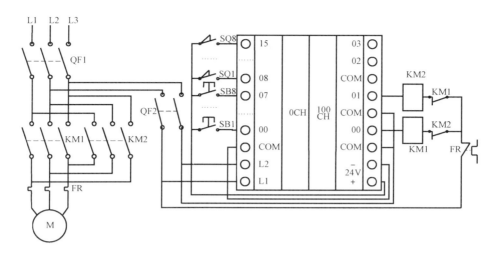

图 3 – 122   8 站呼叫台车 PLC 接线图

同时指示灯熄灭,台车开始按程序运行。

（3）"CMP"指令用来判别台车运行的方向,比较 D0 和 D1 中的数据,比较呼车位置编号是否大于台车位置编号,比较结果根据大于、小于和等于进行判断;比较结果大于时,台车向右运行;比较结果小于时,台车向左运行时间;比较结果等于时,台车停止运行。

2）梯形图设计一

由 IL、ILC 控制程序执行顺序,MOV、CMP 指令组成比较功能,完成程序设计,见图 3 – 123。

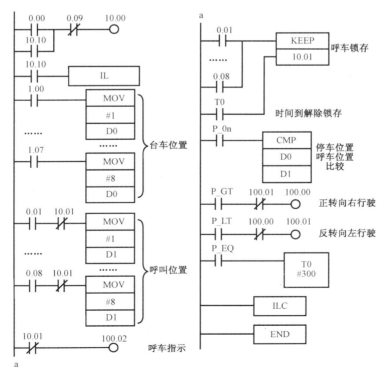

图 3 – 123   台车呼叫程序设计一

3）梯形图设计二

由 DMPX、MLPX 为中心的控制程序,由 MOV、CMP 指令组成比较功能,完成程序设计,见图 3 – 124。

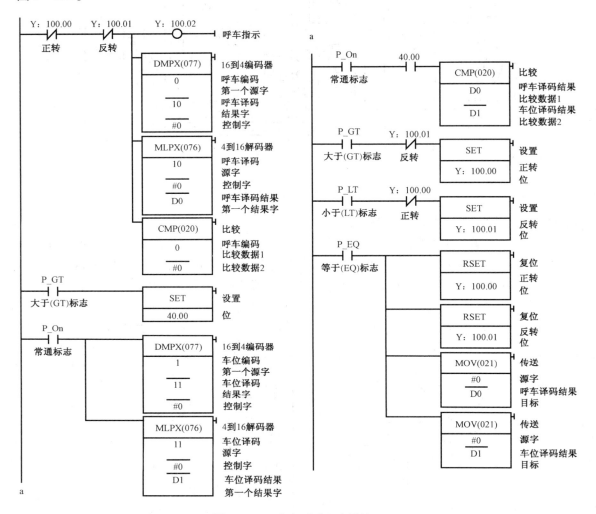

图 3 – 124　台车呼叫程序设计二

2. 调试

（1）仿真调试:编译程序,进行仿真调试。

（2）配线。

按图 3 – 122 连接导线。先接好 PLC 接线图,调试正常后,再连接主回路。

（3）调试。

调试顺序:先断开主回路,调试 PLC 部分正常后,再接通主回路。

 能力拓展

一、FX2N 系列 PLC 触点比较指令

触点比较指令包括触点比较运算开始、串联连接与并联连接指令。

（1）连接母线触点比较（LD = ,LD > ,LD < ,LD < > ,LD ≤ ,LD ≥ ）。

连接母线触点比较指令功能及操作数见表 3 - 29。

表 3 - 29　连接母线触点比较指令表

助记符	功能	操作数		程序步数
		（S1. ）	（S2. ）	
LD = (FNC224)	当（S1. ）=（S2. ）时,结果为 1,进行后段运算	K,H,KnX,KnY,KnM,KnS,T,C,D,V,Z		LD = ,5 步
LD > (FNC225)	当（S1. ）>（S2. ）时,结果为 1,进行后段运算	K,H,KnX,KnY,KnM,KnS,T,C,D,V,Z		LD > ,5 步
LD < (FNC226)	当（S1. ）<（S2. ）时,结果为 1,进行后段运算	K,H,KnX,KnY,KnM,KnS,T,C,D,V,Z		LD < ,5 步
LD < > (FNC228)	当（S1. ）< >（S2. ）时,结果为 1,进行后段运算	K,H,KnX,KnY,KnM,KnS,T,C,D,V,Z		LD < > ,5 步
LD ≤ (FNC229)	当（S1. ）≤（S2. ）时,结果为 1,进行后段运算	K,H,KnX,KnY,KnM,KnS,T,C,D,V,Z		LD ≤ ,5 步
LD ≥ (FNC230)	当（S1. ）≥（S2. ）时,结果为 1,进行后段运算	K,H,KnX,KnY,KnM,KnS,T,C,D,V,Z		LD ≥ ,5 步

（2）串联触点比较（AND = ,AND > ,AND < ,AND < > ,AND ≤ ,AND ≥ ）。

串联触点比较指令功能及操作数见表 3 - 30。

表 3 - 30　串联触点比较指令表

助记符	功能	操作数		程序步数
		（S1. ）	（S2. ）	
AND = (FNC232)	当（S1. ）=（S2. ）时,结果为 1,进行后段运算	K,H,KnX,KnY,KnM,KnS,T,C,D,V,Z		AND = ,5 步
AND > (FNC233)	当（S1. ）>（S2. ）时,结果为 1,进行后段运算	K,H,KnX,KnY,KnM,KnS,T,C,D,V,Z		AND > ,5 步
AND < (FNC234)	当（S1. ）<（S2. ）时,结果为 1,进行后段运算	K,H,KnX,KnY,KnM,KnS,T,C,D,V,Z		AND < ,5 步
AND < > (FNC236)	当（S1. ）< >（S2. ）时,结果为 1,进行后段运算	K,H,KnX,KnY,KnM,KnS,T,C,D,V,Z		AND < > ,5 步
AND ≤ (FNC237)	当（S1. ）≤（S2. ）时,结果为 1,进行后段运算	K,H,KnX,KnY,KnM,KnS,T,C,D,V,Z		AND ≤ ,5 步
AND ≥ (FNC238)	当（S1. ）≥（S2. ）时,结果为 1,进行后段运算	K,H,KnX,KnY,KnM,KnS,T,C,D,V,Z		AND ≥ ,5 步

（3）并联触点比较（OR = ,OR > ,OR < ,OR < > ,OR ≤ ,OR ≥ ）。

并联触点比较指令功能及操作数见表 3 - 31。

表 3 - 31　并联触点比较指令表

助记符	功能	操作数		程序步数
		（S1. ）	（S2. ）	
OR = (FNC240)	当（S1. ）=（S2. ）时,结果为 1,进行后段运算	K,H,KnX,KnY,KnM,KnS,T,C,D,V,Z		OR = ,5 步
OR > (FNC241)	当（S1. ）>（S2. ）时,结果为 1,进行后段运算	K,H,KnX,KnY,KnM,KnS,T,C,D,V,Z		OR > ,5 步
OR < (FNC242)	当（S1. ）<（S2. ）时,结果为 1,进行后段运算	K,H,KnX,KnY,KnM,KnS,T,C,D,V,Z		OR < ,5 步
OR < > (FNC244)	当（S1. ）< >（S2. ）时,结果为 1,进行后段运算	K,H,KnX,KnY,KnM,KnS,T,C,D,V,Z		OR < > ,5 步
OR ≤ (FNC245)	当（S1. ）≤（S2. ）时,结果为 1,进行后段运算	K,H,KnX,KnY,KnM,KnS,T,C,D,V,Z		OR ≤ ,5 步
OR ≥ (FNC246)	当（S1. ）≥（S2. ）时,结果为 1,进行后段运算	K,H,KnX,KnY,KnM,KnS,T,C,D,V,Z		OR ≥ ,5 步

二、多站呼叫台车自动控制（FX2N 系列）

（1）电路设计。

依据工艺要求及 I/O 分配表，选择低压电器如表 3-32 所示。

表 3-32　材料准备表（四）

序号	名称	型号	数量	单位	备注
1	小型空气断路器	DZ47-63/3P C20	1	个	
		DZ47-63/2P C3	1	个	
2	接触器	CJX2-0910 380V	2	个	
3	按钮	LA4-2H	4	个	
4	热继电器	JR36-32/16	1	个	
5	位置开关	LX19-111	8	个	
6	端子排	TB-1012	1	个	
		TB-2506	1	个	
7	三相异步电动机	Y 系列：Y90S-4	1	台	380V,1.1kW
8	PLC	FX2N-48MR	1	台	

根据材料表及控制要求，设计电路图如图 3-125 所示。

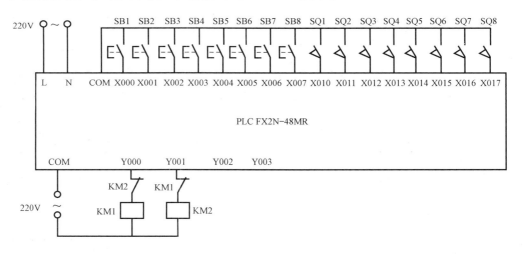

图 3-125　三菱 FX 系列 PLC 呼叫台车控制接线图

（2）三菱 FX-PLC 台车呼叫梯形图程序。

程序设计有不同方法，重点在于如何灵活应用，本程序设计如图 3-126 所示。

（3）调试。

① 仿真调试：编译程序，进行仿真调试。

② 配线：按图 3-125 连接导线。先接好 PLC 接线图，调试正常后，再连接主回路。

③ 调试。

调试顺序：先断开主回路，调试 PLC 部分正常后，再接通主回路。

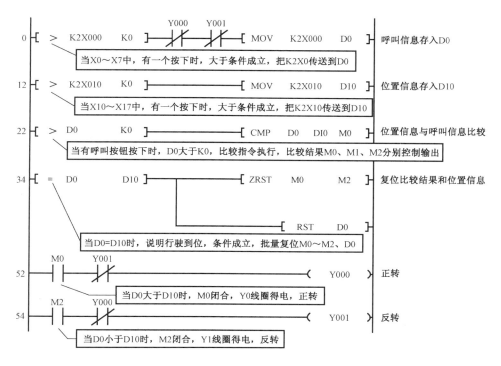

图 3 – 126　三菱 FX 系列 PLC 呼叫台车控制程序

项目三　PLC 高级应用

PLC 应用非常广泛,功能也非常强大,现代 PLC 除了可以完成很复杂的控制功能外,相互之间还能进行网络通信,控制步进电动机等高级功能在现代控制中应用得也十分广泛。

任务 1　选煤浓缩机药剂系统自动控制程序的设计

任务来源

目前,国内不少选煤厂是靠人工在浓缩机中加入凝聚剂溶液来加速煤泥沉淀,降低溢流水的浊度。但是靠人工配制溶液和人工控制加药量存在不少问题,如药品成团不易溶解、浪费电力,劳动强度大,粉尘对工人健康损害严重,同时溢流水浊度靠人工控制效果不好,损耗大等。

近年现代控制技术飞速发展,PLC 以其灵活方便、体积小、可靠性高的特点广泛应用于各种机械设备的自动控制,并能方便实现自动控制,本文选择三菱公司的 FX2N – 48MR 型 PLC 作为主体控制设备。

学习目标

(1)掌握条件跳转指令的使用方法。

(2)灵活应用 SFC 指令编程。

一、条件跳转指令 CJ(P)

(一)跳转指令基本内容

条件跳转指令 CJ(P)的编号为 FNC00,条件跳转指令 CJ(P)操作数为指针标号 P0 ~ P127,其中 P63 为 END 所在步序,不需标记。指针标号允许用变址寄存器修改。CJ 和 CJP 都占 3 个程序步,指针标号占 1 步。

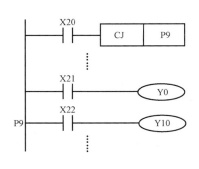

图 3 - 127 跳转指令的使用

如图 3 - 127 所示,当 X20 接通时,则由 CJ P9 指令跳到标号为 P9 的指令处开始执行,跳过了程序的一部分,减少了扫描周期。如果 X20 断开,跳转不会执行,则程序按原顺序执行。

(二)使用跳转指令的注意事项

(1)CJP 指令表示为脉冲执行方式。

(2)在一个程序中一个标号只能出现一次,否则将出错。

(3)在跳转执行期间,即使被跳过程序的驱动条件改变,但其线圈(或结果)仍保持跳转前的状态,因为跳转期间根本没有执行这段程序。

(4)如果在跳转开始时定时器和计数器已在工作,则在跳转执行期间它们将停止工作,到跳转条件不满足后又继续工作。但对于正在工作的定时器 T192 ~ T199 和高速计数器 C235 ~ C255,不管有无跳转仍连续工作。

(5)若积算定时器和计数器的复位(RST)指令在跳转区外,即使它们的线圈被跳转,但对它们的复位仍然有效。

二、示数定时器(TTMR)

(1)示数定时器指令的助记符和功能,见表 3 - 33。

表 3 - 33 示数定时器指令的助记符与功能

助记符	功能	操作数		程序步数
		[D.]	n	
TTMR(FNC64)	监视信号作用时间,将结果存放到[D.]中	D(连续使用 D、D + 1)	K,H,(n = 0 ~ 2)	TTMR,5 步

(2)梯形图格式如图 3 - 128 所示。

(3)说明。

① TTMR 为通过按钮调整定时器设定时间的指令。它的意义为:用目标(D.)+1(图 3 - 128 中为 D301)测定输入按钮(X10)的持续时间,并乘以其中 n 指定的倍率存入到目标(D.)(图 3 - 128 为 D300)中。指定的倍率如下:设按钮(X10)的持续时间为 τ s,则:

图 3 - 128 TTMR 梯形图格式

$$n = K0 \text{——} \tau \quad (\text{存入到 D300 的值})$$

$$n = K1 \text{——} 10\tau \quad (\text{存入到 D300 的值})$$

$$n = K2 \text{——} 100\tau \quad (\text{存入到 D300 的值})$$

② 当 X10 为"OFF",D301 复位,D300 值不变。

③ 图 3 – 129 为 TTMR 指令运行的一个例子。

图 3 – 129　　TTMR 的使用

按下 X10,则 D101 记录按钮按下的时间并乘以指定的倍率 n,把它存到 D100 中。同时,在 X10 的下降沿触发 M0 并将 D100 值送到 D200 中,D200 作为定时器的设定值。

因此,只要改变按钮按下时间的长短,就能改变定时器的设定值。

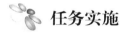 **任务实施**

任务描述:

(1)完成选煤浓缩机 I/O 分配表。

(2)选煤浓缩机系统设计。

(3)编写选煤浓缩机程序并调试。

一、电气控制系统要求

(一)浓缩机药剂添加控制原理

浓缩机药剂添加就是搅拌药剂,达到标准后,将药加入浓缩机,如图 3 – 130 所示。

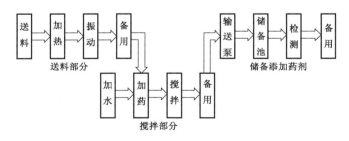

图 3 – 130　送料搅拌及储备控制流程

(1)添加工作流程:首先加料电机工作,把药剂送到送料筒中,同时开始加热药剂,为下一步备用;当搅拌桶中无物时,加入清水到一定量时,开始加入药剂,打开送料阀,这时振动电机开始工作,把药剂加入搅拌桶中,当达到标准时,进行搅拌近一小时,备用。

(2)如果储备池中无药且搅拌桶中的药已搅拌好,这时就开始向储备池中输送药剂,当达到高液位时,自动停止加药。

（3）浓缩机中浊度传感器检测到浊度低于某值时，加药泵自动加药，当浊度达到要求时，自动停止加药。

（二）PLC 控制要求

系统可分为手动操作与自动运行二种工作方式。正常工作时，可直接进入手动方式，通过手动调试，分别对各部分运行手动操作，进行设备调试，这时程序对操作参数进行自动记录，为自动运行准备。运行时，也可直接进入自动方式，按系统默认方式进行，程序设计时，把几块分别进行控制，做到各做各的、互不影响、同时进行。

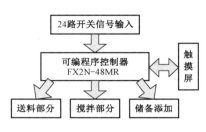

图 3 - 131　控制系统原理图

由于浓缩机控制系统比较复杂，因而，我们设计用 PLC 完成逻辑量的控制，输入量 24 个，输出量 10 个，选择用 FX2N - 48MR 的 PLC 恰好满足输入、输出的要求，如果条件许可，还可以采用触摸屏进行监控，这样控制功能则更加完善。手动部分用梯形图完成，自动控制部分用流程图语言（SFC）完成，设计不同功能块，充分利用不同语言的优点，合理简化程序，通过触摸屏组态可对时间等模拟量进行监控。基于以上思路设计了浓缩机药剂添加系统原理见图3 - 131。

二、PLC 控制系统设计

（1）I/O 分配见表 3 - 34、表 3 - 35。

表 3 - 34　输入端子分配表

端子	名称	注释	端子	名称	注释
X0	SA1	手动/自动选择	X14	SB12	加料泵电动机停止
X1	SB1	启动按钮	X15	S1	搅拌桶液位高
X2	SB2	停止按钮	X16	S2	搅拌桶液位中
X3	SB3/S7	送料启动/送料满	X17	S3	搅拌桶液位低
X4	SB4	送料停止	X20	S4	储备池液位低
X5	SB5	振动开始	X21	S5	储备池液位高
X6	SB6	振动停止	X22	S6	温控开关
X7	SB7	搅拌启动	X23	SA2	手动清水阀开关
X10	SB8	搅拌停止	X24	SA3	手动送料阀开关
X11	SB9	输送泵电动机启动	X25	SA4	手动加料阀开关
X12	SB10	输送泵电动机停止	X26	S8	浊度传感器
X13	SB11	加料泵电动机启动	X27	FR	电机过载保护

表 3 - 35　输出端子分配表

端子	名称	注释
Y0	D1	送料电动机
Y1	D2	振动电动机
Y2	D3	搅拌电动机
Y3	D4	输送泵

端子	名称	注释
Y4	D5	加药泵
Y5	YV1	送料阀
Y6	YV2	加料阀
Y7	YV3	清水阀
Y10	R	加热器

（2）系统软件设计。

系统主要完成自动控制和手动控制,自动控制部分由养料控制、搅拌桶控制、储备池控制和浓缩机联动控制几部分组成,系统运行时,可分别对手动和自动进行控制,手动分别对各工作部分进行控制,自动控制部分各个部分同时运行,条件满足时自动运行,条件不足时等待,各部分相对独立,互相联系,完成整个药剂添加自动控制。

初始状态用梯形图完成各单位初始化及各设备准备工作;自动工作采用 SFC 功能图,简单明了,各部分完成自己的工作,条件满足时工作,互相联系;手动部分用梯形图完成,各部分单独动作,工作示意图见图 3 - 132,整个 SFC 程序共分为六个功能块:初始状态、搅拌桶控制、储备池控制、浓缩机控制、加料控制和手动控制,其中初始状态和手动控制为梯形图,自动状态为搅拌桶控制、储备池控制、浓缩机控制、加料控制。

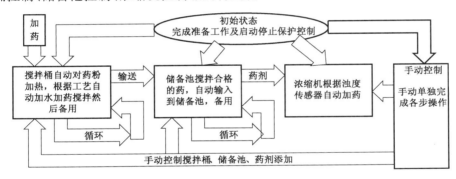

图 3 - 132 工作示意图

① 初始状态。

机器通电给定时器赋初始值,初始值定时器设置为 53min,满足工艺要求,机器通电自动工作时,按此执行,如果是手动操作,机器自动记忆搅拌时间,完成自动时间设置,对手动、自动选择及输出继电器复位,完成手动、自动状态监控等功能,自动、手动功能由转换开关完成,保证只工作在一种状态下,当有一台电动机发生过载时,设备自动停止运行,控制梯形图程序见图 3 - 133。

由于输入点数不够,在这里引入按钮双功能方式,手动时是一种功能,自动时是另一种功能,这样就解决了点数不够的问题。

② 加料控制。

功能块只管送料加热,如果温度条件不满足,自动完成加热,形成一个动态平衡。当自动记忆 M0 动作后,进入自动状态 S11 步,当料加满和温度条件都满足时,自动进入 S16 步,打开送料阀和振动电机进行送料,直到送料阀打开为止,又开始进入 S11 步,完成循环,控制 SFC 程序见图 3 - 134。

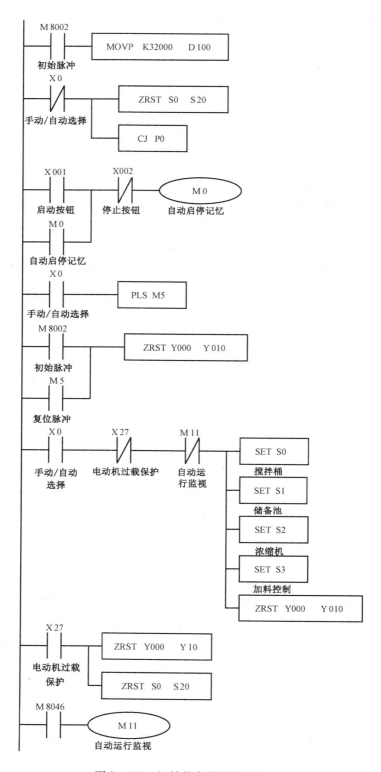

图 3-133　初始状态控制梯形图

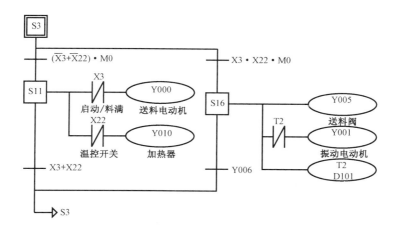

图 3-134 加料控制 SFC 功能图

③ 搅拌桶控制。

功能块只负责完成加水加料按时搅拌功能。当进入自动状态时,搅拌桶内有液体,则待机在 S0 步,如果没有液体,则自动开始完成各步骤:加入清水、加入药品、搅拌、成品备用。如果成品用完了,则再自动完成以上步骤,控制 SFC 程序见图 3-135。

④ 储备池控制。

功能块只负责当储备池中成品药剂没到达高液位时,自动启动输送泵,为防止输送泵频繁启动,当达到高液位时,停止输送泵工作,自动延时 20min 后,才可再次启动,控制 SFC 程序见图 3-136。

⑤ 浓缩机药剂添加控制。

功能块只负责当浊度传感器动作时,向浓缩机中添加成品药剂,达到要求时,自动停止加药泵,控制 SFC 程序见图 3-137。

⑥ 手动控制。

功能块完成各输出设备的手动控制,互不影响、独立操作,手动操作必需是对工艺十分清楚者操作,防止泵空载运行和参数变化。电动机和泵部分用按钮控制完成,各种电磁阀用转换开关控制,简单明了、控制方便,控制 SFC 程序见图 3-138。

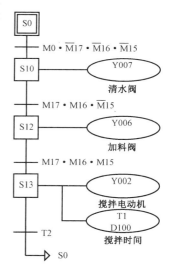

图 3-135 搅拌桶控制
SFC 功能图

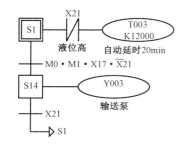

图 3-136 储备池控制 SFC 功能图

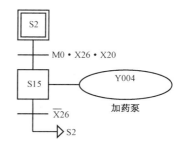

图 3-137 药剂添加控制 SFC 功能图

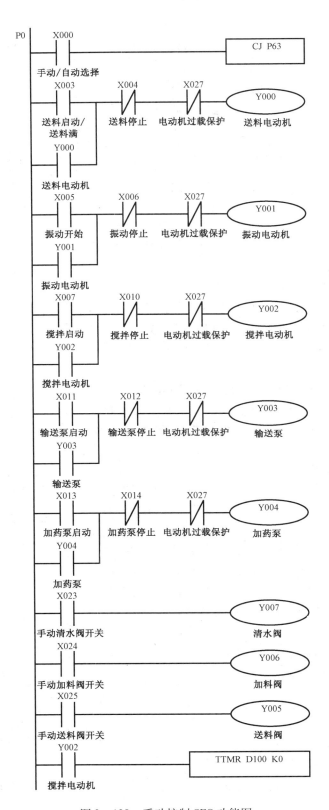

图 3 - 138　手动控制 SFC 功能图

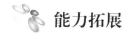 能力拓展

一、PLC 控制系统设计的基本原则

任何一种控制系统都是为了实现被控对象的工艺要求,以提高生产效率和产品质量。因此,在设计 PLC 控制系统时,应遵循以下基本原则。

(一)最大限度地满足被控对象的控制要求

充分发挥 PLC 的强大功能,最大限度地满足被控对象的控制要求,是设计 PLC 控制系统的首要前提,也是设计中最重要的一条原则。设计人员在设计前要深入现场进行调查研究,收集控制现场和相关国内、国外先进的资料;同时要注意和现场的工程管理人员、工程技术人员、操作人员紧密配合,拟定控制方案,共同解决设计中的重点和疑难问题,特别是关于操作规程方面的问题。

(二)保证 PLC 控制系统安全可靠

保证 PLC 控制系统能够长期安全、可靠、稳定运行,是设计控制系统的重要原则。这就要求设计者在系统设计、元件选择、软件编程上要全面考虑,以确保控制系统安全可靠。例如,应该保证 PLC 程序不仅在正常条件下运行,而且在非正常情况下(如突然掉电再上电、按钮按错、操作失误等)也能正常可靠地工作。

(三)力求简单、经济,使用及维修方便

一个新的控制工程固然能提高产品的质量和数量,带来巨大的经济效益和社会效益,但新工程的投入、技术的培训、设备的维护也将导致运行成本的增加。因此,在满足控制要求的前提下,一方面要注意不断地扩大工程的效益,另一方面也要注意不断地降低工程的成本。这就要求设计者不仅应该使控制系统简单、经济,而且要使控制系统的使用和维护方便、成本低,不宜盲目追求自动化和高指标。

(四)适应发展的需要

随着技术的不断发展,对控制系统的要求也将会不断提高,设计时要适当考虑今后控制系统发展和完善的需要。这就要求在选择 PLC、输入/输出模块、I/O 点数和内存容量时,要适当留有裕量,以满足今后生产的发展和工艺的改进。

二、PLC 控制系统设计与调试步骤

(一)分析被控对象并总结出 PLC 控制要求

详细分析被控对象的工艺过程及工作特点,了解被控对象机、电、液之间的配合,提出被控对象对 PLC 控制系统的控制要求,确定控制方案,拟定设计任务书。

(二)确定输入/输出设备及 I/O 点数

根据系统的控制要求,确定系统所需的全部输入设备(如按钮、位置开关、转换开关及各种传感器等)和输出设备(如接触器、电磁阀、信号指示灯及其他执行器等),从而确定与 PLC 有关的输入/输出设备,以确定 PLC 的 I/O 点数。

(三)选择 PLC

PLC 选择包括对 PLC 的机型、容量、I/O 模块、电源的选择等。

(四)分配 I/O 点并设计 PLC 外围硬件线路

1. 分配 I/O 点

画出 PLC 的 I/O 点与输入/输出设备的连接图或对应关系表,做出 I/O 分配表。

2. 设计 PLC 外围硬件线路

画出系统其他部分的电气线路图,包括主电路和未进入 PLC 的控制电路等,由 PLC 的 I/O 连接图和 PLC 外围电气线路图组成系统的电气原理图,确定系统的硬件电气线路。

(五)程序设计及模拟调试

1. 程序设计

根据系统的控制要求,采用合适的设计方法来设计 PLC 程序。程序要以满足系统控制要求为主线,逐一编写实现各控制功能或各子任务的程序,逐步完善系统指定的功能。除此之外,程序通常还应包括以下内容:

(1)初始化程序。在 PLC 上电后,一般都要做一些初始化区域操作为启动作必要的准备,避免系统发生误动作。初始化程序的主要内容有:对某些数据区域、计数器等进行清零,对某些数据区域所需数据进行恢复,对某些继电器进行置位或复位,对某些初始状态进行显示等。

(2)检测、故障诊断和显示等程序。这些程序相对独立,一般在程序设计基本完成时再添加。

(3)保护、联锁和非正常状态的应对程序。保护和联锁是程序中不可缺少的部分,可以避免由于非法操作而引起的控制逻辑混乱,非正常状态的解决是程序中的重中之重,只能完成控制功能,而不能解决非正常状态,就不是合格的程序。

2. 程序模拟调试

程序模拟调试的基本思路是,以方便的形式模拟产生现场实际状态,为程序的运行创造必要的环境条件。根据产生现场信号的方式不同,模拟调试有硬件模拟法和软件模拟法两种形式。

(1)硬件模拟法是使用一些硬件设备(如用另一台 PLC 或其他输入器件等)模拟产生现场的信号,并将这些信号以硬接线的方式连到 PLC 系统的输入端,其时效性较强。

(2)软件模拟法是在 PLC 中另外编写一套模拟程序,模拟提供现场信号,简单易行,但时效性不易保证。模拟调试过程中,可采用分段调试的方法,并利用编程器的监控功能进行监控。

(六)硬件实施

硬件实施方面主要是进行控制柜(台)等硬件的设计及现场施工。主要内容有:

(1)设计控制柜和操作台等部分的电器布置图及安装接线图。

(2)设计系统各部分之间的电气互连图。

(3)根据施工图纸进行现场接线,并进行详细检查。

由于程序设计与硬件实施可同时进行,因此 PLC 控制系统的设计周期可大幅缩短。

（七）联机调试

联机调试是将通过模拟调试的程序进一步在线统调。联机调试过程应循序渐进,从 PLC 只连接输入设备、再连接输出设备、再接上实际负载等逐步进行调试。如不符合要求,则对硬件和程序作调整。通常只需修改部份程序即可。

全部调试完毕后,交付试运行。经过一段时间运行,如果工作正常、程序不需要修改,应将程序固化到 EPROM(存储器)中,以防程序丢失。

（八）整理和编写技术文件

技术文件包括设计说明书、硬件原理图、安装接线图、电气元件明细表、PLC 程序以及使用说明书等。

任务 2   PLC 的 N∶N 通信

任务来源

随着现代自动化技术的发展,PLC 及以太网的各种网络控制技术逐步应用,就一个企业来说,PLC 的 N∶N 通信在大型控制当中应用广泛。

学习目标

（1）了解一般 PLC 通信。
（2）掌握 N∶N 网络通信。
（3）掌握 N∶N 网络通信中特殊继电器的作用。

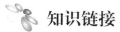
知识链接

一、现代 PLC 一般支持的通信类型

（一）N∶N 网络

用 FX2N、FX2NC、FX1N、FX0N 等 PLC 进行的数据传输可建立在 N∶N 的基础上。使用这种网络,能链接小规模系统中的数据。适合于数量不超过 8 个的 PLC(FX2N、FX2NC、FX1N、FX0N)之间的互连。

（二）并行链接

网络采用 100 个辅助继电器和 10 个数据寄存器在 1∶1 的基础上完成数据传输。

（三）计算机链接(用专用协议进行数据传输)

用 RS485(422)单元进行的数据传输在 1∶n(16)的基础上完成。

（四）无协议通信(用 RS 指令进行数据传输)

用各种 RS232 单元,包括个人计算机、条形码阅读器和打印机,来进行数据通信,可通过无协议通信完成,这种通信使用 RS 指令或者一个 FX2N－232IF 特殊功能模块。

（五）可选编程端口

对于 FX2N、FX2NC、FX1N、FX1S 系列的 PLC，当该端口连接在 FX1N - 232BD、FX0N - 232ADP、FX1N - 232BD、FX2N - 422BD 上时，可以和外围设备（编程工具、数据访问单元、电气操作终端等）互连。

二、三菱 PLC 的 N∶N 网络

（一）N∶N 网络硬件连接

建立在 RS485 传输标准上，网络中必须有一台 PLC 为主站，其他 PLC 为从站，网络中站点的总数不超过 8 个，示意图见图 3 - 139。

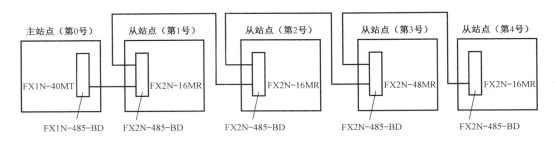

图 3 - 139　N∶N 网络示意图

系统中使用的 RS 485 通信接口板为 FX2N - 485 - BD 和 FX1N - 485 - BD，最大延伸距离 50m，网络的站点数为 5 个，RS485 通信接口见图 3 - 140。

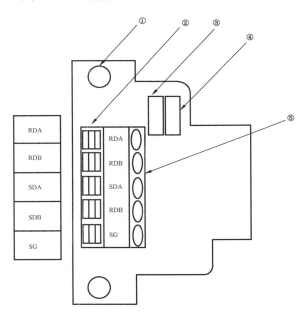

图 3 - 140　RS485 通信接口

① 安装孔；② 可编程控制器连接器；③ SD LED：发送时高速闪烁；④ RD LED：
接收时高速闪烁；⑤ 连接 RS485 单元的端子；端子模块的上表面高
于可编程控制器面板盖子的上表面，高出大约 7mm

N∶N网络的通信协议是固定的:通信方式采用半双工通信,波特率(BPS)固定为38400 BPS;数据长度、奇偶校验、停止位、标题字符、终结字符以及和校验等也均是固定的。

系统的N∶N链接网络,各站点间用屏蔽双绞线相连,接线时须注意终端站要接上110Ω的终端电阻,接线图见图3-141。

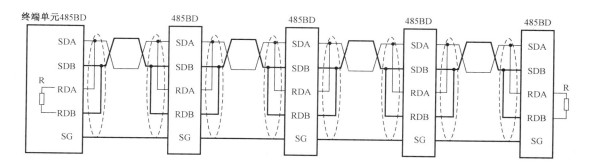

图3-141 N∶N链接网络接线图

SDA—A口485发数据;SDB—B口485发数据;RDA—A口485收数据;RDB—B口485收数据

进行网络连接时应注意:

(1)R为终端电阻。在端子RDA和RDB之间连接终端电阻(110Ω)。

(2)将端子SG连接到可编程控制器主体的每个端子,而主体用100Ω或更小的电阻接地。

(3)屏蔽双绞线的线径应在英制AWG26~16范围,否则由于端子可能接触不良,不能确保正常的通信。连线时宜用压接工具把电缆插入端子,如果连接不稳定,通信会出现错误。

(二)N∶N网络通信中的特殊继电器

如果网络上各站点PLC已完成网络参数的设置,则在完成网络连接后,再接通各PLC工作电源,可以看到,各站通信板上的SD LED和RD LED指示灯都出现点亮/熄灭交替的闪烁状态,说明N∶N网络已经组建成功。

如果RD LED指示灯处于点亮/熄灭的闪烁状态,而SD LED没有(根本不亮),这时须检查站点编号的设置、传输速率(波特率)和从站的总数目。

N∶N通信中常用一些特殊继电器,所用特殊辅助继电器见表3-36。

表3-36 特殊辅助继电器

特性	辅助继电器	名称	描述	响应类型
R	M8038	N∶N网络参数设置	用来设置N∶N网络参数	M,L
R	M8183	主站点的通信错误	当主站点产生通信错误时ON	L
R	M8184~M8190	从站点的通信错误	当从站点产生通信错误时ON	M,L
R	M8191	数据通信	当与其他站点通信时ON	M,L

注:R:只读,W:只写;M:主站点,L:从站点。

在 CPU 错误、程序错误或停止状态下,对每一站点处产生的通信错误数目不能计数。

M8184 ~ M8190 是从站点的通信错误标志,第 1 从站用 M8184……第 7 从站用 M8190,见表 3 - 36。

在 CPU 错误、程序错误或停止状态下,对其自身站点处产生的通信错误数目不能计数。

D8204 ~ D8210 是从站点的通信错误数目,第 1 从站用 D8204……第 7 从站用 D8210,见表 3 - 37。

表 3 - 37　特殊数据寄存器

特性	数据寄存器	名称	描述	响应类型
R	D8173	站点号	存储它自己的站点号	M,L
R	D8174	从站点总数	存储从站点的总数	M,L
R	D8175	刷新范围	存储刷新范围	M,L
W	D8176	站点号设置	设置它自己的站点号	M,L
W	D8177	从站点总数设置	设置从站点总数	M
W	D8178	刷新范围设置	设置刷新范围模式号	M
W/R	D8179	重试次数设置	设置重试次数	M
W/R	D8180	通信超时设置	设置通信超时	M
R	D8201	当前网络扫描时间	存储当前网络扫描时间	M,L
R	D8202	最大网络扫描时间	存储最大网络扫描时间	M,L
R	D8203	主站点通信错误数目	存储主站点通信错误数目	L
R	D8204 ~ D8210	从站点通信错误数目	存储从站点通信错误数目	M,L
R	D8211	主站点通信错误代码	存储主站点通信错误代码	L
R	D8201 ~ D8218	从站点通信错误代码	存储从站点通信错误代码	M,L

注:R:只读,W:只写;M:主站点,L:从站点。

1. 站号的设置

D8176 为本站的站号设置数据寄存器,若 D8176 = 0,此站为主站点;若 D8176 = 1 ~ 7,表示从站号。

2. 从站数的设置

D8177 为设置从站点总数的数据寄存器,将数值 1 ~ 7 写入主站的 D8177 中,每一个数值对应从站的数量,若不设定,默认值为 7(即 7 个从站)。

3. 数据更新范围的设置

将数值 0 ~ 2 写入到主站的数据寄存器 D8178 中,每一个数值对应一种更新范围的模式,若不设定,默认值为 0(即模式 0)。各种模式下位元件和字元件数量见表 3 - 38。

表 3-38 通信数据更新模式

通信元件类型	模式 0	模式 1	模式 2
位元件(M)	0 点	32 点	64 点
字元件(D)	4 个	4 个	32 个

4. 通信的配置

线路连接后,PC 与多台 PLC 通信时,要设置站号、通信格式,通信要经过连接的建立、数据的传送和连接的释放三个过程。

PLC 的参数设置是通过通信接口寄存器及参数寄存器(特殊辅助寄存器,见表 15-1、表 15-2)设置的,其功能见表 3-39。

表 3-39 通信寄存器

通信接口寄存器		通信参数寄存器	
元件号	功能	元件号	功能
M8126	ON 时,表示全体	D8120	通信格式
M8127	ON 时,表示握手	D8121	站号设置
M8128	ON 时,通信出错	D8127	数据头内容
M8129	ON 时,字/位切换	D8128	数据长度
		D8129	数据网通信暂停值

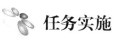 **任务实施**

任务描述:

(1)完成两台 PLC 间通信控制 I/O 分配表。

(2)完成两台 PLC 间通信控制 PLC 接线。

(3)编写两台 PLC 间通信控制 PLC 梯形图程序并调试。

(4)完成两台 PLC 间通信控制 PLC 程序与外接低压电器通电调试。

一、控制要求

(1)用两台 FX2N 系列 PLC 通过 RS-485 通信模块连接成一个 N∶N 网络结构,第一台为主站,第二台为从站。

(2)按下主站的按钮 SB01,与从站连接的指示灯 HL0 点亮,松开 SB01,HL0 熄灭。

(3)按下从站的按钮 SB11,与主站连接的指示灯 HL1 点亮,松开 SB11,HL1 熄灭。

(4)主站中数据寄存器 D100(K5)作为从站计数器 C1 的计数初值。主站的按钮 SB02 为从站 C1 的复位按钮,从站按钮 SB12 为 C1 的计数信号输入,当 SB12 输入 5 次时,C1 的输出触点控制主站上的 HL2 点亮。

(5)主站检测到没有与从站建立好通信时,HL3 指示灯亮,从站没有检测到与主站建立好通信时,HL4 指示灯亮。

二、硬件选择

按控制要求,选择 FX2N－16MR－001 作为主机,通信的硬件采用 FX2N－485－BD 模块,直接安装到 PLC 的基本单元上,用 2 芯的屏蔽双绞线进行连接。

由于本任务的控制比较简单,输出控制为指示灯,可将主电路及控制电路合在一起进行设计。硬件的材料见表 3－40。

表 3－40　硬件材料表

序号	符号	设备名称	型号	数量
1	PLC	可编程控制器	FX2N－16MR－001	2
2	QF	断路器	DZ47－D25/3P	2
3	FU	熔断器	RT18－32/6A	2
4	COMM	通信模块	FX2N－485－BD	1
5	SB	按钮	LA39－11	4
6	HL	指示灯	AD16－22C	6

三、I/O 分配

根据控制要求,PLC 通信的 I/O 分配见表 3－41。

表 3－41　两台 PLC 间的通信控制的 I/O 分配表

类别	电气元件	PLC 软元件	功能
主站	输入(I)	按钮 SB01	X0
		按钮 SB02	X1
	输出(O)	指示灯 HL1	Y0
		指示灯 HL2	Y1
		指示灯 HL3	Y7
从站	输入(I)	按钮 SB11	X0
		按钮 SB12	X1
	输出(O)	指示灯 HL0	Y0
		指示灯 HL4	Y1
		指示灯 HL5	Y7

四、梯形图程序

主站的控制程序如图 3－142 所示,从站的控制程序如图 3－143 所示。

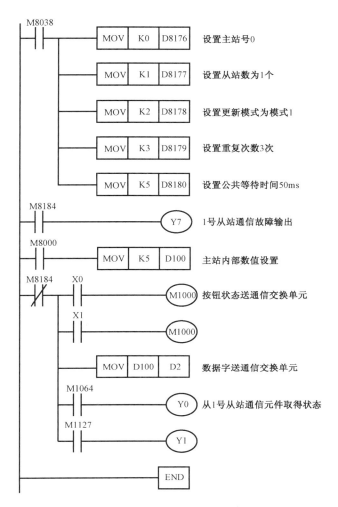

图 3 - 142　主站的控制程序

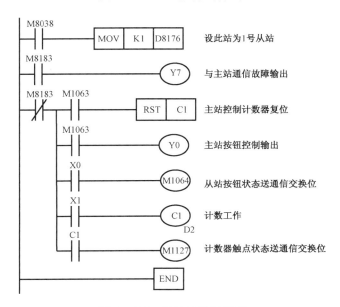

图 3 - 143　从站的控制程序

能力拓展

一、FX 系列 N∶N 网络通信任务要求

自动生产线常常是由多台 PLC 与上位机组成复杂的控制系统，多台 PLC 之间相互配合，在 PLC 与 PLC 之间、PLC 与上位机之间的配合都是通过网络进行数据传送。如一条自动生产线有供料站、加工站、装配站、分拣站、输送站等多台 PLC 组成的控制系统，PLC 之间可用 FX2N－485－BD 通信板连接。在通信前，首先要对各台网络通信的设备进行设置，如设置输送站作为主站，主站只能有 1 个，其站号为 0，其他 PLC 通信的设备为从站，即供料站（1 号）、加工站（2 号）、装配站（3 号）、分拣站（4 号）。功能如下：

（1）0 号站的 X1～X4 分别对应 1 号站～4 号站的 Y0（即当网络工作正常时，按下 0 号站 X1，则 1 号站的 Y0 输出，依次类推）。

（2）1 号站 1～4 号的 D200 的值等于 50 时，对应 0 号站的 Y1，Y2，Y3，Y4 输出。

（3）从 1 号站读取 4 号站的 D200 的值，保存到 1 号站的 D220 中。

二、连接网络和编写、调试程序

链接好通信口，编写主站程序和从站程序，在编程软件中进行监控，改变相关输入点和数据寄存器的状态，观察不同站的相关量的变化是否符合任务要求，如果符合说明完成任务，如不符合应检查硬件和软件是否正确，修改后重新调试，直到满足要求为止。

程序中使用了站点通信错误标志位（特殊辅助继电器 M8183～M8187）。例如，当某从站发生通信故障时，不允许主站从该从站的网络元件读取数据。使用站点通信错误标志位编程，对于确保通信数据的可靠性是有益的，但应注意，站点不能识别自身的错误，为每一站点编写错误程序是不必要的。主站（0 号）RS485 通信 PLC 中相关参数设置，如图 3－144 所示；从站（1 号）RS485 通信 PLC 相关参数设置如图 3－145 所示，其余通信站设置依此类推。

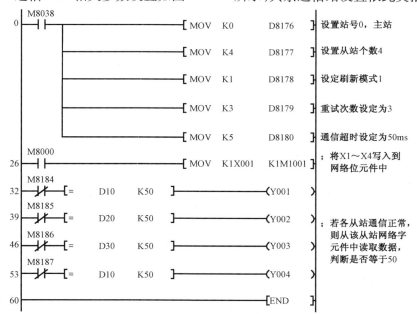

图 3－144　输送站网络读写程序

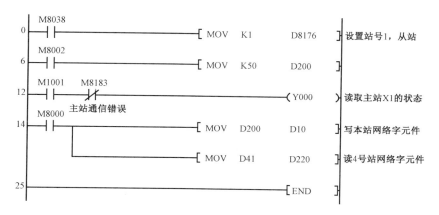

图 3－145　供料站网络读写程序

任务 3　步进电动机 PLC 控制

**任务来源**

在精密机械控制中,为达到应有的精度常常采用步进电动机和伺服电动机进行控制,因而用 PLC 对步进电动机的控制就显得非常重要。

学习目标

（1）了解最基本的步进电动机工作原理。
（2）了解步进驱动器工作过程和使用方法。
（3）掌握常用脉冲输出指令。
（4）掌握步进电动机的位置及速度计算。
（5）学会用脉冲指令进行步进电动机的控制。

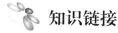**知识链接**

一、反应式步进电动机

反应式步进电动机,是一种传统的步进电动机,由磁性转子铁芯通过与由定子产生的脉冲电磁场相互作用而产生转动。步进电动机是一种将电脉冲信号转换为相应的角位移或直线位移量的机电执行元件,即步进电动机输入的是电脉冲信号,输出的是角位移或直线位置;每给一个脉冲,步进电动机转动一个角度,这个角度称为步距角。运动速度正比于脉冲频率,角位移正比于脉冲个数。

反应式步进电动机工作原理比较简单,转子上均匀分布着很多小齿,定子齿有三个励磁绕组,其几何轴线依次分别与转子齿轴线错开。电动机的位置和速度与导电次数(脉冲数)和频率成一一对应关系。而电动机的旋转方向由定于励磁绕组导电顺序决定,市场上一般以二、三、四、五相的反应式步进电动机居多。

应用领域:反应式步进电动机主要应用于计算机外部设备、摄影系统、光电组合装置、阀门控制、核反应堆、银行终端、数控机床、自动绕线机、电子钟表及医疗设备等领域中。

图 3－146　步进电机驱动器示意图

二、步进驱动器

(一)步进驱动器简介

1. 直流步进驱动器

步进电动机一般要配有步进驱动器才能工作,一般两相步进电动机驱动器端子见图3－146。

PLS＋、PLS－端子为步进驱动器的脉冲信号端子,用来接收上位机(PLC)发来的脉冲信号。

DIR＋、DIR－端子为步进驱动器的方向信号端子,用来控制步进电机的旋转方向。

FREE＋、FREE－端子为脱机信号,步进电动机没有脉冲信号输入时具有自锁功能,相当于制动;而当有脱机信号时解除自锁功能,转子处于自由状态并且不响应步进脉冲。

V＋、GND端子为驱动器直流电源端子,步进电动机分为直流和交流两种类型。

A＋、A－、B＋、B－分别接步进电动机的两相线圈。

2. 交流步进驱动器

在工业控制中,交流步进电动机常常使用三相步进电动机,其典型接线及端子功能如图3－147所示。

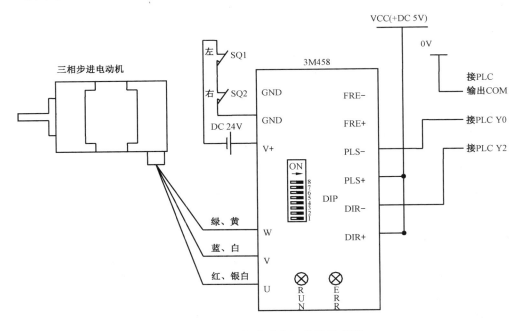

图 3－147　三相步进电机接线示意图

(二)步进驱动器接线

FX 系列 PLC 单元能同时输出两组 100kHZ 脉冲,是低成本控制伺服与步进电动机的较好选择。步进电动机驱动器与三菱 MT(晶体管)系列 PLC 的接线图如图3－148 所示。

图 3－148 中,Y0 是 PLC 的脉冲输出点。

通常三菱晶体管的 PLC 有两个高速脉冲输出点（Y0、Y1），这两个输出点可以进行脉冲输出，因此，此处即可接 Y0，也可接 Y1，但不要接 Y0、Y1 以外的信号。

Y2 是控制电动机转向的方向信号，即 Y2 接通电动机正转，Y2 断开则电动机反转。

接线时，外部提供 5V 电源，若外部提供的是 12V 或 24V 电源，请在回路中串入一个 1kΩ 或 2kΩ 的电阻，以限制输出电流。

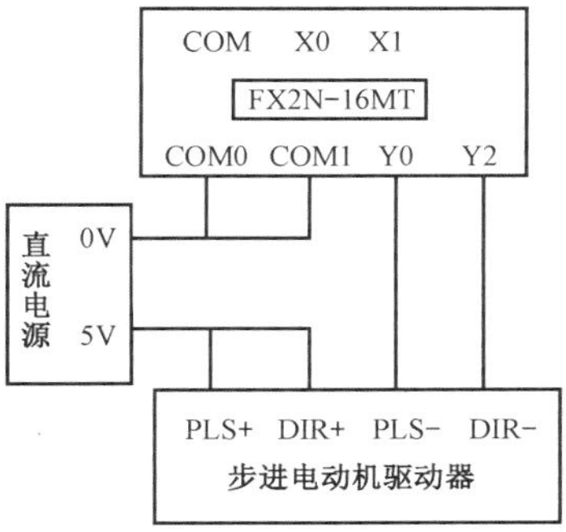

三、常用脉冲输出指令

图 3 - 148　步进驱动器接线图

三菱晶体管 PLC 发出高速脉冲时，可以通过一些固有的指令输出高速脉冲串。

（一）PLSY 脉冲输出

指令说明：（请使用晶体管输出类型的 PLC）

如图 3 - 149 所示，当 X001 接通，PLSY 指令开始通过 Y000 输出脉冲，其中：

D0 为脉冲输出频率（Hz），即控制步进电动机的转速；D2 为脉冲输出量（PLS），也即控制步进电动机的转动行程；Y000 为脉冲输出地址。（晶体管输出类型，仅限 Y000、Y001）

图 3 - 149　PLSY 脉冲输出指令

（二）PLSV 可变脉冲输出

指令说明：（请使用晶体管输出类型的 PLC）

如图 3 - 150 所示，当 X001 接通，PLSV 指令开始通过 Y000 输出脉冲，其中：

D0 为脉冲输出频率（Hz），即脉冲/s，可以通过脉冲频率控制步进电动机的转速；Y000 为脉冲输出地址；Y004 为脉冲方向信号。

图 3 - 150　PLSV 可变脉冲输出指令

如果 D0 为正数，则 Y4 变为"ON"；如果 D0 为负数，则 Y4 变为"OFF"。

即使在脉冲输出状态中，仍能够自由改变脉冲频率；由于在启动/停止时不执行加减速，如果有必要进行缓冲开始/停止时，请利用 RAMP 等指令改变脉冲频率的数值。

PLSV 指令驱动条件变为"OFF"（断开）后，在脉冲输出中标志 M8147、M8148 处于"ON"时，将不接受 PLSV 指令的再次驱动，因此必须对其进行复位操作。若在脉冲输出过程中，PLSV 指令驱动的接点 X001 变为"OFF"时，Y000 将不进行减速而直接停止。

（三）DRVI 相对位置控制指令（适用的 PLC：FX1S、FX1N）

指令说明：（请使用晶体管输出类型的 PLC）

如图 3 - 151 所示，当 X001 接通，DRVI 指令开始通过 Y000 输出脉冲，其中：

D0 为脉冲输出数量(PLS);D2 为脉冲输出频率(Hz);Y000 为脉冲输出地址;Y004 为脉冲方向信号。

图 3-151　DRVI 相对位置控制指令

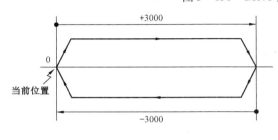

图 3-152　相对驱动方式示意图

如果 D0 为正数,则 Y4 变为"ON";如果 D0 为负数,则 Y4 变为"OFF"。

若在指令执行过程中,指令驱动的接点 X001 变为"OFF",Y000 将减速停止。此时执行完成标志 M8029 不动作。

相对驱动方式是指指定附带正/负符号的由当前位置开始的移动距离的方式,如图 3-152 所示。

从 0 点位置开始运动,发送 +3000 的脉冲后,步进电动机运行到 +3000 位置,此时若发送 -3000 的脉冲后,步进电动机运行到 0 点位置。

(四) DRVA 绝对位置控制指令

指令说明:(请使用晶体管输出类型的 PLC)

如图 3-153 所示,当 X001 接通,DRVA 指令开始通过 Y000 输出脉冲,其中:

D0:脉冲输出数量(PLS)寄存器;D2:脉冲输出频率(Hz)寄存器;Y000:脉冲输出端子;Y004:脉冲方向信号端子。

图 3-153　DRVA 绝对位置控制指令

如果 D0 为正数,则 Y4 变为"ON";如果 D0 为负数,则 Y4 变为"OFF"。

若在指令执行过程中,指令驱动的接点 X001 变为 OFF,Y000 将减速停止。此时执行完成标志 M8029 不动作。

Y000 输出的脉冲数将保存在 D8140(低位)及 D8141(高位)特殊寄存器内;Y001 输出的脉冲数将保存在 D8142(低位)及 D8143(高位)特殊寄存器内。

设定的脉冲发送完后,执行结束标志 M8029 动作;D8148 为脉冲频率的加减速时间,默认值为 100ms。

绝对驱动方式是指定原点(0 点)为绝对位置,其他运动都是以 0 点为参考进行运动,如图 3-154 所示,从 0 点位置开始运动,即 0 点为原点,发送 +3000 的脉冲后,以 0 为参考步进电动机运行到 +3000 位置,然后发送 0 的脉冲后,步进电动机运行到 0 点绝对位置。

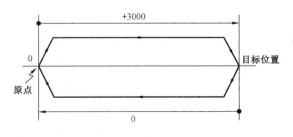

图 3-154　绝对驱动方式示意图

(五)ZRN原点回归指令

如图3-155、图3-156所示,滑块在当前位置A处,驱动条件X01接通时,滑块开始执行原点回归;在原点回归过程中,滑块未感应到近点信号X3时,滑块以D4的速度高速回归。

图3-155 ZRN原点回归指令

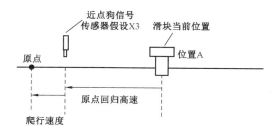

图3-156 ZRN原点回归指令示意图

当近点信号X3感应到滑块后,滑块减速到D7(爬行速度),开始低速运行;当滑块脱离近点信号X3后,停止运行,原点确定,原点回归结束。

特殊情况:若在原点回归过程中,驱动条件X01断开,则滑块将不减速而立即停止。

当原点回归结束后,停止脉冲输出;同时向寄存器(Y0:D8141、D8140;Y1:D8143、D8142)写入0,其中:

D4(第一个数据即原点回归高速数据):指定原点回归时的高速运行速度;D7(第二个数据即原点回归低速数据):指定原点回归时的低速运行速度;X3(近点信号):指定原点回归接近时的传感器信号;Y0:脉冲输出地址,用来输出控制步进电动机的脉冲。

在执行DRVI及DRVA等指令时,PLC利用自身产生的正转脉冲或反转脉冲进行当前位置的增减,并将其保存在当前值寄存器(Y0:D8141、D8140;Y1:D8143、D8142);从此,机械的位置始终保持记忆,当PLC断电时这些位置当前值会消失,因此,通电和初始运行时,必须执行原点回归,将机械动作原点位置的数据事先写入。

四、特殊继电器及特殊寄存器说明

(1)D8145:执行DRVI、DRVA等指令时的基低速度(最低速度),控制步进电动机时,设定速度需要考虑步进电动机的共振区域和自动启动频率。设定范围:最高速度(D8147、D8146)的1/10以下。超过该范围时,自动降为最高速度的1/10数值运行。

(2)D8147、D8146:执行DRVI、DRVA等指令的最高速度,指令中指定的脉冲频率必需小于该值。设定范围:10~100000Hz。

(3)D8148:执行DRVI、DRVA等指令的加减速时间,加减速时间设定不理想,会导致电动机抖动甚至停止不动。设定范围:50~5000ms。

(4)M8145:Y0脉冲输出停止(立即停止)。

(5)M8146:Y1脉冲输出停止(立即停止)。

(6)M8147:Y0脉冲输出中监控(BUSY/READY)。

(7)M8148:Y1脉冲输出中监控(BUSY/READY)。

五、步进电动机的位置及速度计算

在 PLC 脉冲输出指令中,脉冲输出频率(单位为 Hz,即 PPS(脉冲)/s),假设脉冲频率设为 1000Hz,就可以计算出步进电机的转速。

例 3 – 3 假设步进电机的细分数为 2000,即电动机转一圈需要 2000 个脉冲(2000 脉冲/r),现脉冲数为 1000,脉冲频率为 1000 脉冲/s,计算步进电动机的行程及转速。

电动机的程序:1000 脉冲/(2000 脉冲/r) = 0.5r。

则电动机的转速计算为:(1000 脉冲/s)/(2000 脉冲/r) = 0.5r/s = 30r/min

例 3 – 4 假设步进驱动器细分数为 2000 脉冲/r,若要以 Nr/min 的速度行走 2 圈,计算指令中的脉冲个数及脉冲频率应该是多少?

解:(1)脉冲个数计算。

假设脉冲个数为 X,则 X/(2000 脉冲/r) = 2,所以 X = 4000,即 PLC 要发 4000 个脉冲,才能让马达转 2 圈。

(2)脉冲频率计算。

假设脉冲频率为 Y 脉冲/s,则(Y 脉冲/s)/(2000 脉冲/r) = (N/60r)/s,即(Y/2000r)/s = (N/60r)/s,Y = (2000/60) * N。

 任务实施

任务描述:
(1)完成步进电动机控制系统 I/O 分配表。
(2)完成步进电动机控制系统 PLC 接线。
(3)编写步进电动机控制系统 PLC 梯形图程序并调试。
(4)完成步进电动机控制系统 PLC 程序与外接低压电器通电调试。

一、控制要求

步进电动机起始点在 A 点,AB 之间是 2000 脉冲的距离,BC 之间是 3500 脉冲的距离,步进电动机的控制要求如下:

(1)按下启动按钮,步进电动机先由 A 移动到 B,此过程速度为 60r/min;

图 3 – 157 步进电动机脉冲
与速度示意图

(2)电动机到达 B 点后,停 3s,然后由 B 移动到 C,此过程速度为 90r/min;

(3)电动机到达 C 点后,停 2s,然后由 C 移动到 A,此过程速度为 120r/min。

如图 3 – 157 所示。

二、系统分析

(1)此案例的接线部分参考图 3 – 158。驱动器选择时,应该确定步进电动机的相数及转矩、电流等参数。

(2)选择 PLC 型号为 FX1N。输入输出的确定,输入 X000 对应启动按钮为 SB1、脉冲输出点用 Y000、脉冲方向由 Y002 控制,设定 Y002 断开正转,Y002 接通反转。

(3)核心指令采用相对位置控制指令(DRVI)完成脉冲输出。

(4)脉冲频率计算。

① 首先设定步进驱动的细分数为 2000 步/r。

② 计算脉冲频率。

假设脉冲频率应为 XHz，实际运行的转速为 Nr/min，则对应的关系见式（3 - 1）。

$$\frac{X \text{脉冲}/s}{2000 \text{脉冲}/r} = \frac{N\text{r}/\min}{60} \longrightarrow X = \frac{2000 * N}{60} \text{Hz} \qquad (3-1)$$

如速度为 60r/min，则对应频率为 2000Hz；如速度为 80r/min，则对应频率为 3000Hz；如速度为 120r/min，则对应频率为 4000Hz。

三、步进电动机的 PLC 控制程序设计

（1）启、停控制。

以 X000、M0、M10、M20 组成启保停控制。X000、M0 完成启动和保持功能，M10、M20 分别是到达 B、C 点，当到达 B 点、C 点时，M10、M20 动作，断开启保停程序；设定脉冲数为 2000 个，传送到 D0 中；设定脉冲的频率为 2000Hz，传送到 D2 中；控制程序见图 3 - 158。

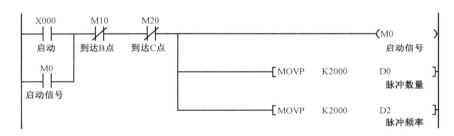

图 3 - 158　启停控制梯形图

（2）A—B 运行程序。

采用相对位置控制指令（DRVI）完成 A—B 运行程序设计。按下启动 SB1 时，M0 动作并保持，保证本条指令持续完成；本条指令可完成以频率为 2000Hz 向 Y000 输出 2000 个脉冲，Y002 不动作（图 3 - 159）。

图 3 - 159　A—B 运行程序

（3）B—C 运行程序。

定位完成 M8029 动合触点闭合，线圈 M10 动作，定时器 T1 动作完成 3s 延时功能；M10 动合触点闭合后，把 3500 和 3000 传送到 D0 和 D2（图 3 - 160）。

（4）到达 C 点延时及换向程序见图 3 - 161。

（5）返回原点程序见图 3 - 162。

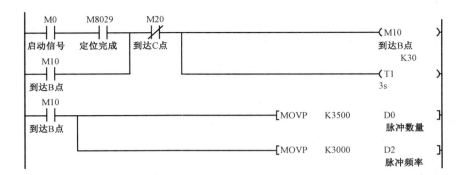

图 3 - 160　B—C 运行程序

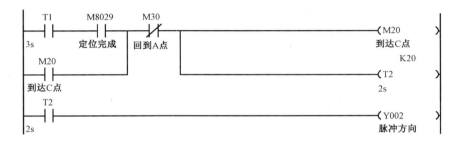

图 3 - 161　到达 C 点后程序

到达 C 点后,返回脉冲控制为 5500 个,频率改变为 4000Hz,到达 C 点后,由 M30 控制断开相对脉冲指令。

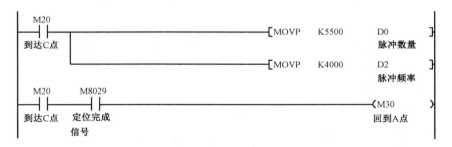

图 3 - 162　返回原点程序

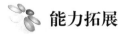 **能力拓展**

为了实现变频器输出频率连续调整的目的,分拣单元 PLC 连接了特殊功能模拟量模块 FX0N - 3A。启、停由外部端子来控制。变频器参数设置见表 3 - 42。

表 3 - 42　变频器参数设置

参数号	参数名称	默认值	设置值	设置值含义
Pr. 73	模拟量输入选择	1	0	0 ~ -10V
Pr. 79	运行模式选择	0	2	外部运行模式固定

FX0N－3A 具有两路输入通道和一路输出通道,最大分辨率为 8 位的模拟量 I/O 模块,模拟量输入和输出方式均可以选择电压或电流,取决于用户接线方式。其性能见表 3－43。

表 3－43　FX0N－3A 输入通道主要性能表

	电压输入	电流输入
模拟输入范围	在出厂时,已为 0 至 10V DC 输入选择了 0 至 250 范围。 如果把 FX0N－3A 用于电流输入或非 0 至 10V 的电压输入等非标准值时,则需要重新调整偏置和增益。 模块不允许两个通道有不同的输入特性	
	0～10V,0～5V DC,输入电阻为 200kΩ 注意:输入电压超过 －0.5V、＋15V 可能损坏模块	4～20mA,输入电阻 250Ω 注意:输入电流超过 －2mA、＋60mA 可能损坏模块
数字分辨率	8 位	
最小输入 信号分辨率	40mV;0～10V/0～250V 依据输入特性而变	64μA;4～20mA/0～250 依据输入特性而变
总精度	±0.1V	±0.16mA
处理时间	TO 指令处理时间 ×2 + FROM 指令处理时间	
输入特点	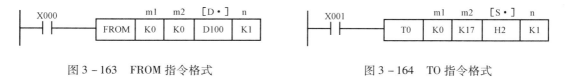	

　　可以使用特殊功能模块读指令 FROM(FNC78)和写指令 TO(FNC79)读写 FX0N－3A 模块实现模拟量的输入和输出。

　　FROM 用于从特殊功能模块缓冲存储器(BFM)中读入数据。将模块号为 m1 的特殊功能模块内,从缓冲存储器(BFM)号为 m2 开始的 n 个数据读入 PLC,并存放在从 D 开始的 n 个数据寄存器中。如图 3－163 所示,把 0#模块的 BFM#0 单元内容,共 1 个数据,复制到 PLC 的 D100 中。

　　TO 用于从 PLC 向特殊功能模块缓冲存储器(BFM)中写入数据,这条语句是将 PLC 中从 [S·]元件开始的 n 个字的数据,写到特殊功能模块 m1 中编号为 m2 开始的缓冲存储器 (BFM)中。如图 3－164 所示,把 H2 中的数据,共 1 个数据,复制到 0#模块的 BFM#17 单元中。

图 3－163　FROM 指令格式　　　　　　　　　图 3－164　TO 指令格式

　　特殊功能模块是通过缓冲存储器(BFM)与 PLC 交换信息的,FX0N－3A 共有 32 通道,共 512 位缓冲寄存器(BFM)。BFM 分配见表 3－44。

表 3－44　FX0N－3A 的缓冲寄存器(BFM)分配

通道号	b15 ~ b8	b7	b6	b5	b4	b3	b2	b1	b0
#0	保留	当前输入通道的 A/D 转换值(以 8 位二进制数表示)							
#16		当前 D/A 输出通道的设置值							
#17							D/A 转换启动	A/D 转换启动	A/D 通道选择
#1 ~ #15 #18 ~ #31	保留								

其中,#17 通道位含义:

b0 = 0,选择模拟输入通道 1;b0 = 1,选择模拟输入通道 2;b1 从 0 到 1,A/D 转换启动;b2 从 1 到 0,D/A 转换启动。

例 3－5　写入模块号为 0 的 FX0N－3A 模块,D2 是其 D/A 转换值(图 3－165)。

图 3－165　TO 指令应用实例

例 3－6　读取模块号为 0 的 FX0N－3A 模块,其通道 1 的 A/D 转换值保存到 D0,通道 2 的 A/D 转换值保存到 D1(图 3－166)。

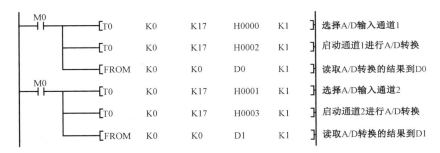

图 3－166　FROM 指令应用实例

参 考 文 献

［1］张同苏,徐月华．自动化生产线安装与调试．北京:中国铁道出版社,2010.
［2］贯宇．现代工厂电气控制技术实训．北京:石油工业出版社,2010.
［3］王阿根．PLC 控制程序精编 108 例．北京:电子工业出版社,2009.
［4］初航,等．零基础学三菱 FX 系列 PLC.北京:机械工业出版社,2010.
［5］宋伯生,陈东旭．PLC 应用及实验教程．北京:机械工业出版社,2006.